甘樫丘と飛鳥川
（提供：国土交通省近畿地方整備局
　　　　飛鳥国営公園出張所）

明日香村稲渕の棚田
地帯を流れる飛鳥川

越冬幼虫を袋がけした
エノキの枝に放し、飼育を行う。

人口飼育中のオオムラサキ
エサは、スモモと人工ネクター

甘樫丘では、シーズンごとに生態観察会が行われる。

杉染めに取り組む林業女性グループ

杉の有効活用でピンク色に染まった綿・ウール

飛鳥自然環境研究会　編

オオムラサキが
おしえてくれたこと

信山社サイテック

発刊にあたり

　人類がどのようなことをしても自然が暖かく微笑んでくれた時代は遠く去り、自然環境を再生・復元するために、人は知恵と労力を絞らねばならない時代となりました。飛鳥甘樫丘を主たるフィールドとして、自然の再生と自然との共生を探るために行った調査研究も1年が経過し、これまでの成果をここにまとめることができました。完璧な結果とは言えませんが、一定の成果が得られましたことは、これまで本研究にご協力して下さったみなさまや関係諸機関のお力添えとご努力の賜と心より感謝しております。

　私たちの研究は、その成果をできるだけ多くの人々に知っていただき、多くの方々からのご意見やご批判を受けることによって、ますます発展・進化するものと考えています。

　新学習指導要領が2002年から小・中学校で実施されます。また、総合的な学習が導入され、環境教育の重要性が叫ばれています。これからの社会・学校教育現場において、本書がより実践的な環境教育を組み立てるための参考書として利用していただければ幸いです。

　最後に、本書は財団法人日本生命財団の研究助成「飛鳥歴史公園の二次的自然環境の生態系調査と維持・保全に関する研究」(2000年度)の研究成果であり、出版についても同財団の助成を受けています。

　同財団および、快く出版を引き受けて頂きました株式会社信山社サイテックの四戸孝治氏に心より感謝いたします。

2001年4月
和歌山大学教育学部・教授
理学博士　岩　田　勝　哉

緒言：地域の自然と人の共存

　ここ100年足らずの間の産業あるいは人の生活活動に伴い、地球温暖化問題、酸性雨問題など地球的規模での環境破壊が進んでいる。その一方で、国内の身近な自然に目をやると、生物の生息地の破壊があちこちで進んでおり、多くの陸上および陸水生物が、生活の場そのものを失いつつあるのも実状である。

　以前は全国各地で普通に見られたメダカでさえ、今や地域個体群によっては絶滅の恐れがあるし、すでに絶滅したものもあるだろう。これら地域の生物というのは、その地域の他の生物や自然環境と深くかかわって生活してきた。つまり、その地域毎での生活を通し、その場所毎に進化してきたのであって、その意味では、それぞれ掛け替えのないものたちばかりなのである。生物を本来の姿で保護しようと思えば、ある対象生物だけのことを考えればよいのではない。その生物の一生のなかで、かかわりのある他の多様な生物、否、その生物がかかわる自然、つまり本来の生息場所を丸ごと守ることが理想であろう。しかし、人が生活する以上、郊外や農村などの自然の場合、人とのかかわりを断ち切っての保護は難しい。日本人は、里山をはじめ地域の自然と長い間うまく付き合ってきた。つまり文化を持って暮らしてきた。その文化の理解なしには、つまり人がいかに自然にかかわり、自然を利用してきたのかを考えることなしには、身近な自然の保護は唱えにくいであろう。自然保護は人の暮らしという側面から捉えることも必要となる。

　自然保護は、いくつかのレベルでなされうる。行政によるものもあるし、地域の人々が主体になる場合もある。地域の自然をそのままにするのか、開発してしまうのか、あるいは開発するにもどのようにするのか、それは行政が主体の場合であっても、地域の人々の判断に基づくものでなければならないのではないか。そう私も考えている。その意味でも、地域の人々が地域の自然に関心を持ち、その価値を認識することは意義深いことである。

　奈良県明日香地方は、昭和41年に制定された古都保存法に基づき、歴史的風土および文化的資産の保存・活用のための整備がなされている。昭和49年国営飛鳥歴史公園が設けられ、その後その規模は大きくなっている。ここでは、歴史的景観の保護に重きが置かれるが、そこに生息する本来の多様な生物について十分な配慮がなされているとはいえない。下手をすると文字通り「公園」ともなりかねない。

緒言：地域の自然と人の共存

本書は5つの章からなる。奈良県明日香地方（明日香村・橿原市）に暮らす人達により、人との共存の中でのこの地域の自然保護への取り組みが紹介される。

第1章では国営飛鳥歴史公園甘樫地区の沿革・設計基準・管理基準や公園のイベント等、人と自然のかかわりを考慮した取り組みを中野満氏が紹介している。

2章では、国蝶であるオオムラサキを蘇らせる上での様々な話題が取り上げられている。前半では秋山昭士と中谷康弘両氏が、この蝶の生態や生息環境はじめ、これまでの人工飼育について語っている。後半では西島保雄と松本清二両氏により、放蝶したオオムラサキが自然に定着するための野外調査とその結果、そこから公園の管理技術に関する提案をしている。

川は昔から人々にとって、生活に切っても切れない存在であった。第3章では、甘樫地区をとりまくように流れる飛鳥川の現状を述べ、万葉集にも数多く詠まれたこの川をいかに取り戻すか、いくつかの提案がなされる。飛鳥川の議論なくしては、歴史公園甘樫地区の保全を考えることはできないだろう。前半では竹田博康氏が治水・利水・環境に配慮した豊浦・雷地区の近自然型河川の設計コンセプトを提示し、親水性ある河川改修の課題について述べている。後半は、城律男氏が飛鳥川の自然護岸・二面コンクリート・三面コンクリートと豊浦・雷地区の近自然型工法がもたらす淡水生物への影響を、約30年前の資料と比較し、河川工法のあり方について議論する。

第4章では、森と人とのかかわりを通し、これからの森とのつきあい方を問う。ここでは米田勝彦氏と水谷道子氏とが、染色技術を中心とした伝統工芸や植物の新たな利用法、自然の食材の利用という観点で、明日香村を中心とした森と人との共存の取り組みを紹介している。

最終章では、蓮池宏一氏が総合的な学習や環境教育の中身をより具体的に紹介した。次世代の若者への「博物学」の啓蒙を通し、自然を理解することをいかに指導していくのか、「教育」のあり方の提言となっている。若い人達が自然の大切さをどう認識するのか、これも自然保護には欠かせない重要な活動である。著者らの明日香地方という古代ロマンのあふれる地での人と自然の共存への取り組みから、その職業も様々な彼等が、この地の自然をいかに愛しているのかが伝わってくる。

本書は、様々な角度から地域の人による人と自然の共存を目指した自然保護の取り組みの具体例でもある。

幸田 正典

目　次

発刊にあたり ……………………………………………………（岩田勝哉）　iii
緒言：地域の自然と人の共存 …………………………………（幸田正典）　v

第1章　人間と森の共生をめざして
　　　　　― 国営飛鳥歴史公園の取り組み ― ………………（中野　満）　1
　1. 二次的自然環境をもつ「公園の緑での取り組み」……………………… 3
　　(1) 人の利用と生きものに配慮した
　　　　林床管理(国営武蔵丘陵森林公園の事例) …………………………… 4
　　(2) 砂丘に自生する海浜性植物の
　　　　保護・育成活動(国営ひたち海浜公園の事例) ……………………… 5
　　(3) 環境学習拠点としての公園利用(国営木曽三川公園の事例) ……… 7
　2. 国営飛鳥歴史公園での取り組み ………………………………………… 7
　　(1) 公園の概要 ……………………………………………………………… 7
　　(2) 公園をとりまく環境とのつながり …………………………………… 8
　　(3) 公園の資源を活用した行催事展開 …………………………………… 9
　　(4) 甘樫丘地区について …………………………………………………… 10
　　　1) 位置、立地特性 ……………………………………………………… 10
　　　2) 歴史的背景 …………………………………………………………… 10
　　　3) 公園整備前の姿と植生概要 ………………………………………… 11
　　　4) 植物等の管理について ……………………………………………… 11
　　　5) 平成10年の台風の傷跡 ……………………………………………… 13
　　　6) 「オオムラサキの定着化」についての取り組み ………………… 13

第2章　オオムラサキ …………………………………………………………… 17
　2.1　オオムラサキ復活への試み ……………………（秋山昭士・中谷康弘）19
　　1. オオムラサキの生態 …………………………………………………… 19
　　2. オオムラサキの生活史 ………………………………………………… 20
　　3. 人工飼育について ……………………………………………………… 24

目　次

　　　（1）飼育ハウス内での発育段階 …………………………………………… 24
　　　　　1）卵 …………………………………………………………………… 24
　　　　　2）幼　　虫 …………………………………………………………… 25
　　　　　3）蛹 …………………………………………………………………… 26
　　　（2）成虫個体について ………………………………………………………… 26
　　　　　1）生存期間および生存日数 ………………………………………… 26
　　　　　2）活動時期 …………………………………………………………… 26
　　　　　3）交尾期間 …………………………………………………………… 26
　　　　　4）ペアリングについて ……………………………………………… 26
　　　　　5）交尾回数 …………………………………………………………… 26
　　　　　6）交尾時間 …………………………………………………………… 27
　　　　　7）産卵数 ……………………………………………………………… 27
　4．オオムラサキの飼育環境 …………………………………………………… 27
　　　（1）オオムラサキの幼虫の餌 ……………………………………………… 27
　　　（2）袋かけによる飼育 ……………………………………………………… 27
　　　（3）大量飼育のための模索 ………………………………………………… 27
　　　（4）農薬使用が不可能な飼育ハウス ……………………………………… 29
　　　（5）エノキワタアブラムシについて ……………………………………… 29
　　　（6）エノキワタアブラムシの天敵テントウムシ3種（ナナホシテントウ・
　　　　　ナミテントウ・ヒメカメノコテントウ）の利用による生物防除 ……… 29
　5．オオムラサキの天敵調査 …………………………………………………… 30
　　　（1）野外個体群の天敵 ……………………………………………………… 30
　　　　　1）昆　虫　類 ………………………………………………………… 30
　　　　　2）鳥類の捕食調査 …………………………………………………… 32
　　　　　3）その他の天敵類 …………………………………………………… 33
　6．成虫の餌 ……………………………………………………………………… 33
　　　（1）雑木林の樹液について ………………………………………………… 33
　　　（2）人工ネクター …………………………………………………………… 34
　　　（3）天然樹液と人工ネクターの成分分析 ………………………………… 35
　　　（4）人工ネクター開発の歴史 ……………………………………………… 37
　7．幼虫の越冬 …………………………………………………………………… 37
　　　（1）人工越冬の方法 ………………………………………………………… 37
　　　（2）自然個体群と死亡要因 ………………………………………………… 38

8. 今後の取り組み ………………………………………………… 39
　　　(1) 人工飼育の問題点と課題 …………………………………… 39
　　　(2) 地域個体群を保護する意味 ………………………………… 39
　　　(3) 生息環境と天敵相 …………………………………………… 40
2.2 オオムラサキの定着をめざして ……………………（松本清二・西島保雄） 42
　　1. 生息環境 …………………………………………………………… 42
　　2. 甘樫丘 ― フィールド紹介と調査の目的 ― …………………… 42
　　3. 調査の方法 ………………………………………………………… 43
　　　(1) 甘樫丘地区全体の植生とオオムラサキの食餌木分布調査 …… 43
　　　(2) 甘樫丘地区の動物生息状況について ……………………… 44
　　　　1) 鳥　　類 ………………………………………………… 44
　　　　2) 昆 虫 類 ………………………………………………… 44
　　　　3) その他の動物 …………………………………………… 44
　　　(3) オオムラサキの生息実態について ………………………… 44
　　　　1) 成虫確認調査と放蝶作業 ……………………………… 44
　　　　2) 幼虫生息実態調査と幼虫放虫作業 …………………… 44
　　4. 調査結果 …………………………………………………………… 46
　　　(1) 植生について ………………………………………………… 46
　　　(2) 幼虫の食餌木および産卵場所であるエノキについて …… 46
　　　(3) 成虫の食餌木（クヌギ、コナラなど樹液や果実）について … 46
　　　(4) 鳥類、昆虫について ………………………………………… 49
　　　　1) 鳥　　類 ………………………………………………… 49
　　　　2) 昆　　虫 ………………………………………………… 49
　　　　3) その他の動物 …………………………………………… 49
　　5. 考　　察 …………………………………………………………… 52

第3章　飛鳥川の河川環境 …………………………………………… 55
3.1 飛鳥川の水辺づくり ………………………………………（竹田博康） 57
　　1. 全国的な河川整備の展開 ………………………………………… 57
　　2. 奈良県での河川整備の方向性 …………………………………… 59
　　3. 飛鳥川の現状 ……………………………………………………… 61
　　4. 飛鳥川の整備方針と河川整備の状況 …………………………… 64
　　5. 飛鳥川の川づくりの整備と今後の課題 ………………………… 69

目　次

　　6. 河川整備の課題と今後の展望 …………………………………………… 69
3.2 飛鳥川の生物 ………………………………………………（城　律男）72
　　1. 日本の心のふるさとの川 ………………………………………………… 72
　　2. 飛鳥川にすむ水生動物 …………………………………………………… 73
　　　(1) 水生動物とは ………………………………………………………… 73
　　　　1) カゲロウ …………………………………………………………… 74
　　　　2) トビケラ …………………………………………………………… 76
　　　　3) カワゲラ …………………………………………………………… 78
　　　(2) 水生動物の調査の方法 ……………………………………………… 78
　　　(3) 水生動物の調査結果 ………………………………………………… 78
　　　　1) 源流〜栢森(女綱) ………………………………………………… 82
　　　　2) 栢森(女綱)〜岡(高市橋) ………………………………………… 83
　　　　3) 飛鳥(飛鳥橋)〜豊浦(雷橋) ……………………………………… 85
　　　　4) 橿原市田中町(大柳橋)〜飛騨町(新河原橋) …………………… 86
　　　　5) 橿原市縄手町(藤原京大橋)〜小房町 …………………………… 87
　　3. 飛鳥川の植物 ……………………………………………………………… 88
　　　(1) 河川の植物とは ……………………………………………………… 88
　　　(2) 調査の方法 …………………………………………………………… 89
　　　(3) 調査の結果 …………………………………………………………… 89
　　　　1) 植物目録 …………………………………………………………… 92
　　　　2) 植　生 ……………………………………………………………… 94
　　4. これからの飛鳥川(「歴史的河川の再生」計画) ……………………… 99

第4章　森とくらし ………………………………………………………… 105
4.1 森のめぐみと人間 ……………………………………………（米田勝彦）107
　　1. 飛鳥、里山の現状 ………………………………………………………… 107
　　　(1) 人間生活と自然環境 ………………………………………………… 107
　　　(2) 森のめぐみ …………………………………………………………… 103
　　2. 染色にみる森と人間 ……………………………………………………… 108
　　　(1) 古代の染色 …………………………………………………………… 108
　　　　1) 染色の歴史 ………………………………………………………… 108
　　　　2) 泥漬け ……………………………………………………………… 110
　　　　3) 摺り込み …………………………………………………………… 112

　　　　4）浸染と媒染 ………………………………………………………… 113
　　（2）草木染め …………………………………………………………………… 115
　　　　1）草木染めの特徴 …………………………………………………… 115
　　　　2）ハーブ染めの特徴 ………………………………………………… 116
　　　　3）媒 染 剤 …………………………………………………………… 116
　　　　4）草木染めの方法 …………………………………………………… 118
　3．皮革工芸にみる森と人間 ……………………………………………………… 118
　　（1）皮革の利用 ………………………………………………………………… 118
　　　　1）森の動物の利用 …………………………………………………… 118
　　　　2）鹿と大和朝廷 ……………………………………………………… 119
　　　　3）日本の伝統革 ……………………………………………………… 119
　　（2）革の製造 …………………………………………………………………… 120
　　　　1）鹿皮の鞣し ………………………………………………………… 120
　　　　2）革の染色 …………………………………………………………… 121
　　　　3）物作り実践例 ……………………………………………………… 121

4.2 地域の素材を活かした「ものづくり」活動 ………………（水谷道子） 127
　1．活動の概念 ……………………………………………………………………… 127
　2．私たちと森のめぐみ …………………………………………………………… 129
　　（1）地域資源の有効活用と商品化 ― 女性グループによる杉染め ― ……… 129
　　（2）赤米の有機栽培 …………………………………………………………… 132
　　　　1）あすか森の手づくり塾による「赤米」づくり ………………… 132
　　　　2）「タデアイ」の栽培と乾燥葉建てによる藍染め ……………… 134
　　（3）人工林の施業の人手不足に直接手を入れるボランティア支援 ……… 136
　　　　1）山守の会の活動について ………………………………………… 136
　　　　2）小さな流通を試みる ……………………………………………… 137
　　（4）稲森地区に昭和初期の「原風景」を取り戻す
　　　　　―「飛鳥川の原風景を取り戻す仲間の会」の活動について ― … 138

第5章　総合的な学習の時間と環境教育 ……………………………（蓮池宏一） 141
　1．総合的な学習の時間について ………………………………………………… 143
　2．めざす子ども像から課題設定まで（計画） ………………………………… 144
　　（1）『総合的な学習の時間』を通してめざす子ども像 …………………… 144
　　（2）子どもたちと共に学びながら大切にしたいこと …………………… 145

目　次

　　　1）価値を見出すチャンスを逃がさない ……………………………………… 145
　　　2）既成概念を砕かれることを喜ぶ …………………………………………… 145
　　　3）転んでもただでは起きない経験をする …………………………………… 147
　　　4）事実を誠実にうけとめる …………………………………………………… 148
　　　5）出口をはっきり示す ………………………………………………………… 149
　　　6）オオムラサキを中心テーマに甘樫丘の自然を調べる …………………… 150
　　　7）継続は力であることを教える ……………………………………………… 151
　　　8）待ちの姿勢をもつ …………………………………………………………… 152
　　　9）子どもたちと共に学ぶ ……………………………………………………… 153
　　　10）子どもたち個々の居場所を考える ………………………………………… 154
　（3）子どもたちの課題決定から自己評価まで …………………………………… 154
　　　1）モチベーションを高める …………………………………………………… 154
　　　2）情報の練り合わせ …………………………………………………………… 155
　　　3）試行錯誤を大切に …………………………………………………………… 155
　（4）継続可能な繰り返すことのできる
　　　　作業、観測、観察方法の確立（DO） ……………………………………… 157
3．環境学習 …………………………………………………………………………… 157
　（1）地域の実態を知る ……………………………………………………………… 157
　　　1）環境について調べたい内容を出し合う …………………………………… 157
　　　2）歴史的な遺産、未知の部分の掘り起こし ………………………………… 157
　　　3）風土、民俗学的な見地から郷土を見直す ………………………………… 158
　　　4）地域の人材や観察場所の発掘 ……………………………………………… 158
　　　5）ゴミや公害、大気汚染に対する町や村の対策調べ ……………………… 158
　　　6）学校の中や学校周辺の自然環境のチェックリスト作り ………………… 158
　（2）学校の実態把握 ………………………………………………………………… 158
4．総合的な学習の時間とは子どもたちの未知への旅立ち ……………………… 160

第1章

人間と森の共生をめざして
― 国営飛鳥歴史公園の取り組み ―

第1章　人間と森の共生をめざして

1. 二次的自然環境をもつ「公園の緑」での取り組み

　私たちが日常の暮らしのなかで親しむ自然は、里山のように何らかのかたちで人々とかかわりをもつものが多い。その環境が身近に生きものたちと出会える場となっていたが、今ではそのような機会を得る場が少なくなってきた。特に、都市や市街地では多くの生きものに出会える場所は限られ、生きものに対する意識・関心から遠ざかった生活に慣れてしまうこともあるのではないだろうか。しかし、その一方で、地球環境や生態系保全などへの関心の高まりや、日常で生きものたちと出会える機会や場所を求めはじめているのが現状である。

　このような今日に、都市や市街地において「人間と森の共生」というテーマは、重要でありながら縁遠く感じられるものである。しかしながら、都市公園などの緑がもつ森や水辺には、身近に生き物との出会い・親しめる環境がある。

　都市公園の緑は人間の都合により管理される、いわば二次的自然環境といえ、それゆえ人々が利用しやすく、公園としての永続性をもった多様な環境である。

　次の事例では、様々な形態や機能をもつ都市公園の中で、比較的広い面積と運営規模の大きい国営公園において、人々の緑にかかわる取り組みを紹介する。

　国営公園とは、広域的な見地、国家的記念事業、わが国固有の文化的資産の保存・活用などの趣旨により、国（国土交通省）が整備・維持管理をしている都市公園の一つである。北海道から沖縄県まで現在14箇所がすでに一般に利用され、2箇所が開園に向けて整備を進めている。

　各地域の特色をもつ国営公園の緑は、都市環境の維持・保全をはじめとした様々な機能をもっている。この緑を維持するために重要な植物の管理では、緑の機能を維持させながら、年ごとによる植物の生育状況や緑にかかわる利用のニーズの対応を踏まえ管理を行っている。また、費用をかけずに管理作業を行うことや、昨今の遺伝子撹乱問題やガーデニングブーム到来以降の人々の植物に対する意識の高まりなどにも取り組んでいる。

　このような中で次の事例において、各国営公園での植生管理の工夫や環境の活用例などを紹介したい。

第1章　人間と森の共生をめざして

(1) 人の利用と生きものに配慮した林床管理（国営武蔵丘陵森林公園の事例）

埼玉県比企郡滑川町の丘陵に、国営公園の第1号として昭和49年開園した国営武蔵丘陵森林公園は、304haという広大な敷地に雑木林や植林地として利用されていた樹林地、灌漑用のため池をもち、その豊かな環境の中に運動・レクリエーション施設、プール、サイクリングコースなどが整備され、年間80万の人々に利用されている。また、変化に富んだ地形、豊かな植生環境は環境学習の場としての利用もさ

写真1-1　林床のササをパッチ状に刈り残した例

人々が入り込む樹林下では小動物が逃げ込めるように高木下のササを一部残しながら下草刈りを行った。単純な刈り残し作業の一つで、春の暖かな日には、人の足音に気づいたトカゲたちが刈り残されたササの中に入り込む様子が見られる。

写真1-2　ボランティアの人々の手によって見事に咲いたヤマユリ

第1章　人間と森の共生をめざして

れている。

　植生にかかわる管理では、植生の将来型や利用現況を踏まえた管理方針により、林床の草刈・間伐などを行っている。また、公園利用者がボランティアとして行っている選択的草刈による、自生種を活かした花修景などで人々の目を楽しませている（写真1-1、写真1-2）。

(2) 砂丘に自生する海浜性殖物の保護・育成活動（国営ひたち海浜公園の事例）

　茨城県ひたちなか市の海浜を含む地域に平成3年オープンした国営ひたち海浜公園は、首都圏の多様なレクリエーション基地として現在107.5 haが整備され、年間60〜70万の人々に利用されている。かつて空軍の対地射爆場という、人の出入りが制限されていた土地の一部に整備されたこともあり、多くの動植物が生息する環境となっている。

　この土地は川から海に流された砂が汀線に堆積し、それらの砂が強い風邪で陸側に押し上げられることによって形成されたところに、海浜、砂丘、樹林地という一連の環境をもっている。かつての海浜や砂丘は知られざる海浜性植物の宝庫で、砂丘一面がハマヒルガオ、スカシユリなどで覆い尽くされ、開花期には沖から陸へ向かう船からも砂丘一体にその花の色が鮮やかに見られたそうである。しかし、様々な環境の変化や人の手が加えられたことで、次第に海浜性植物から畑雑草や帰化植物に植生が変化しつつある。

　そこで、数年前から、かつての砂丘・海浜の植生豊かな環境を回復させようと、公園内の砂丘で活動がはじめられている。この取り組みでは、砂丘に自生する海浜性植物の自力による回復などを基本とし、その環境変化を常に把握しながら、一方において、その変化に対処するための海浜性植物の増殖作業や帰化植物の除去作業実験を行っている。海浜性植物の増殖作業の技術は、一般にはほとんど知られておらず、また、近年の遺伝子撹乱などの問題を踏まえると、市場から植物調達をした植栽による再生方法は好ましくないことから、その地にある植物を用いた増殖などの取り組みが進められている。現在は地元の農業高校において、当地で年々減少しつつある自生のスカシユリを人工増殖させることに成功するなど、地域での関心は高まりつつあり、今後の活動が期待されている（写真1-3）。

第1章 人間と森の共生をめざして

写真1-3　スカシユリの増殖作業

写真1-4　学校・団体を対象とした環境学習活動

(3) 環境学習拠点としての公園利用(国営木曽三川公園の事例)

　昭和62年にオープンした国営木曽三川公園は、岐阜・三重・愛知の三県にまたがり、三つの河川が育む豊かな環境に恵まれた計画面積約1万haもの広大なスケールの公園である。そのうち現在120.85haが開園し、年間260万もの人々に利用されている。公園には様々な施設があるが、そのなかでも環境学習の拠点として整備された河川環境楽園やアクアワールド水郷センターなどでは、学校および一般団体向けの環境教育プログラムの実践や指導者の育成を行っている。このほかNPOや企業が参加した、遊び・レクリエーションから環境改善の研究までを行う中部地方の拠点として、活動の場と機会を提供している(**写真1-4**)。

2．国営飛鳥歴史公園での取り組み

(1) 公園の概要

　国営飛鳥歴史公園は、わが国固有の優れた文化的資産の保存および活用を図るために整備された国営最初の歴史公園である。昭和45年に「飛鳥地方における歴史的風土および文化財保存等に関する方策について」の閣議決定を受け、昭和49年、奈良県高市郡明日香村(面積約24km²)内に祝戸(いわいど)地区が開園した。現在は祝戸地区、石舞台(いしぶたい)地区、高松塚(たかまつづか)地区、甘樫丘(あまかしのおか)地区の4地区合わせて46.1haが整備され、文化財の保存とともに多くの緑が維持されている。ここでは、歴史にかかわる活動はもちろん、この緑を活用した人と緑とのかかわりを深める場や機会を提供している(**表1-1**、**図1-1**)。

表1-1　各地区の文化財、施設など

地区名	文化財など	施設・広場機能	供用面積(ha)
高松塚周辺地区	高松塚古墳(壁画出土)中尾山古墳	史跡・模写壁画鑑賞	9.1
石舞台地区	石舞台古墳	史跡観賞および休養機能	4.5
祝戸地区	阪田寺跡 マラ石	展望・散策 宿泊研修機能	7.4
甘樫丘地区	甘樫丘	展望および散策	25.1
合計			46.1

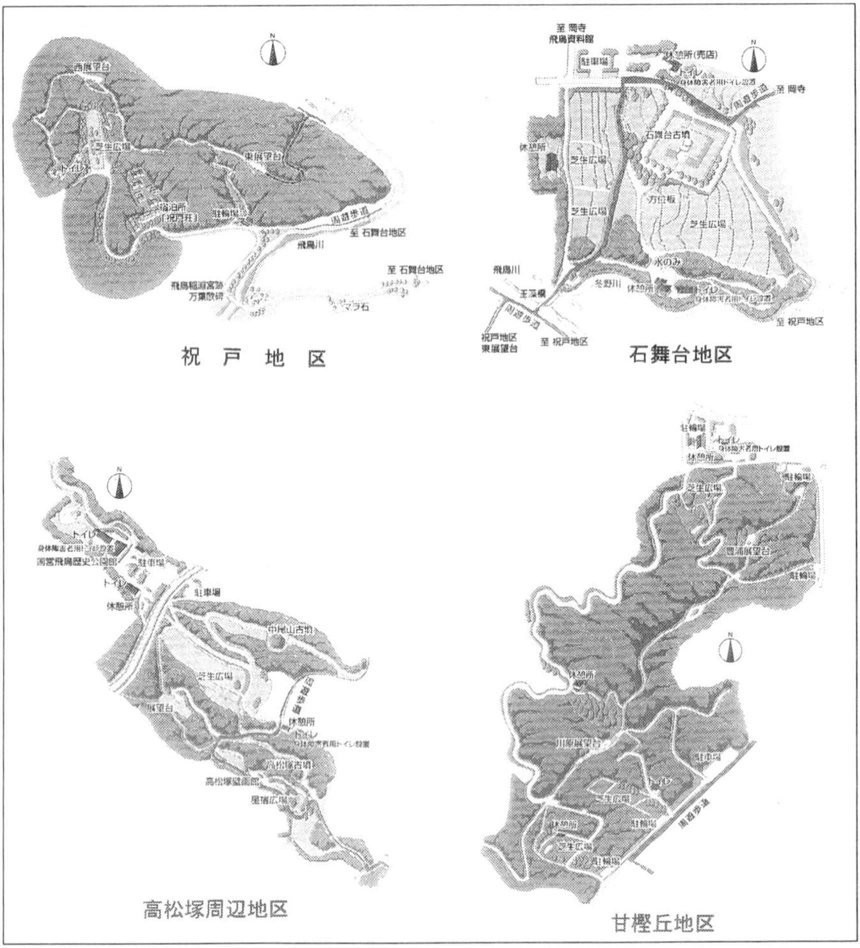

第1章　人間と森の共生をめざして

祝戸地区

石舞台地区

高松塚周辺地区

甘樫丘地区

図1-1　国営飛鳥歴史公園全地区平面図

(2) 公園をとりまく環境とのつながり

　国営飛鳥歴史公園は、既存の地形、緑を残しながら大規模な造成を伴わない整備をしており、周辺環境と隔たりなく連続した環境となっている。また、村の人々が生活する場との距離は非常に近く、人々の生活様式の変化や観光地化、山々の植林地化など、様々な環境変化の影響を受ける立地といえる(**写真1-5**)。

第1章 人間と森の共生をめざして

写真1-5 農地であった整備前の地形をそのまま活かした広場

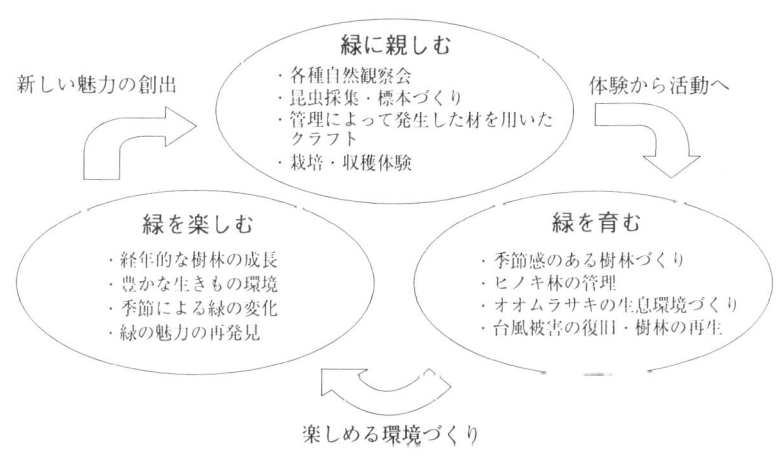

図1-2 行催事を通した緑とのかかわり

(3) 公園の資源を活用した行催事展開

　国営飛鳥歴史公園の緑は、かつて人々が利用してきたヒノキなどの植林地、雑木林、竹林、果樹園などがほとんどである。公園ではこれらを活用した行催事を行うことで参加者に、まず緑に親しんでもらい、次に育てることにかかわり、そして新たな魅力をつくり、楽しみを得てもらえるような展開を実施している(図1-2)。

第1章 人間と森の共生をめざして

写真1-6 上空から見た甘樫丘地区および周辺

(4) 甘樫丘(あまかしのおか)地区について

　この地区は昭和51年から整備が進められ、昭和55年に一部の利用が開始された。現在の地区面積は23.1haで、飛鳥地方、大和三山を一望できる展望広場、草地広場、万葉集に歌われた植物を紹介する園路などの施設があり、観光旅行者や地域住民に利用されている(写真1-6)。

　1) 位置、立地特性

　この地区は明日香村北部の橿原市近くに位置し、地形は南北に稜線が走る丘陵で、甘樫丘といわれる丘状の部分がほとんど公園になっている。標高は高いところで148mほどあり、ふもとからの高低差が50mほどになる場所は、飛鳥を四方に見渡すことができる眺望の良い展望広場として整備されている。

　地区の周辺には、大和三山の一つである香久山がある。地区の東側から北側にかけては飛鳥川、桜井市と明日香村をつなぐ道路が走り、西南側の一部に橿原市の住宅街が近接するものの、ほとんどが田畑に囲まれた環境である。

　2) 歴史的背景

　甘樫丘(あまかしのおか)と呼ばれるこの地区は、古代より人々の国見や歌かがい、盟神探湯(くがたち)が行われた場所として有名である。展望広場からは、金剛山系から大和三山、藤原京、飛鳥京など大和国原の美しい風景を四方一望できる。また、

当時の権力者蘇我氏の邸宅がこの地の辺りにあったといわれている。

3）公園整備前の姿と植生概要

公園として整備する前は、稜線から東南面側斜面のほとんどが果樹園で、谷戸部は水田、稜線から西側と北側はヒノキやスギの植林地、雑木林、竹林、一部果樹園であった。また、敷地北側の一部には花崗岩の残丘を象徴する岩肌が見えており、石切り場とされた時代もあったそうである。このように、甘樫丘は里山として様々な利用がなされ、過去を遡るとその利用形態、植生も様々に変わっていった経緯をもっている。

この地区の公園整備は昭和51年より進められ、公園全体の整備方針に基づき、地形を変えずに田んぼであった部分を広場として整備し、既存の植林地や雑木林をそのまま生かしている。また、果樹園として使われていた東南面側斜面は、整備当初より早期緑化に適したニセアカシヤや既存の周辺樹林に合わせた樹種を植栽して樹林の形成を図った。その場所には今も一部に果樹が残ってはいるが、かつての果樹園の山という面影はなく、明日香村側からこの地区を望むと、敷地北側の植林地と一体となった緑豊かな丘を印象付けている。

早期緑化で植栽したニセアカシヤは二十数年を経過して、周辺には実生から成長した幼木があちらこちらに見られる。また、同時期に植栽や移植された木々も樹林を支える立派な成木に成長している。しかし、当時植栽されたニセアカシヤの多くは、平成10年の台風により、早期緑化の役目を果たし終えたかのように倒れた（図1-3）。

4）植物等の管理について

現在、明日香村内から周囲の山々を見渡すと、ほとんどが針葉樹の植林地となっている。それ以前は、落葉主体の広葉樹林であったと地元の人からは聞いている。また、さらに遡ると、万葉の時代はどうであったのかと古代ロマンに思いを馳せるのも面白いものだが、甘樫丘地区は前に述べたヒノキなどの植林地や雑木林、竹林などをそのまま生かした緑と、花畑や植栽地の管理をしている。

甘樫丘地区の草地等の広場では草刈が主な管理であるが、スポーツなどの動的なレクリエーションにはほとんど利用されないことから、風致性に配慮した刈高を設定した草刈を行っている。

この地区は近隣住民や観光旅行者の憩いや散策の場であり、園路が主体的に利用されることから、園路沿いの植栽や林縁は見通しの良さを高め、防犯や安全に配慮し

第1章 人間と森の共生をめざして

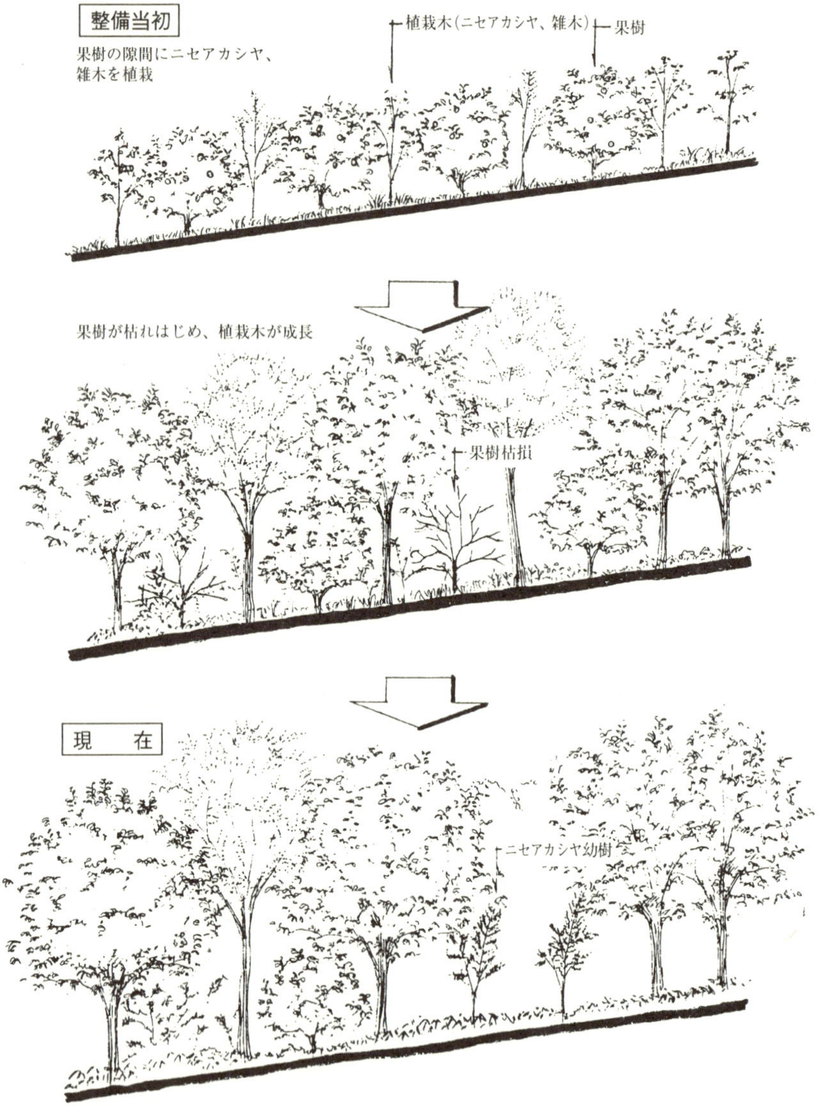

図1-3 果樹園から雑木林への移り変わり

第1章 人間と森の共生をめざして

た管理を行っている。また、園路沿いに植栽木の他にも自生する野草を修景的に見せるなど、散策の魅力を高めている。

ヒノキ林や雑木林は地区全体的に斜面の勾配がきつく、レクリエーションの利用林地として適していないことから、修景的な視点の管理を主体としている。しかし、雑木林下には、公園として整備される以前からあったササユリなどの野草が点在して生育していたが次第に姿を消していった。

5）平成10年の台風の傷跡

平成10年9月22日に近畿地方を襲った台風7号は、飛鳥の地にも大きな傷跡を残した。特に、甘樫丘地区では風当たりの強かった稜線部のヒノキ林への被害が大きく、面積で2haほどのヒノキ林を全面的に伐採することで対処せざるを得ない結果となった。しかし、これをきっかけとして飛鳥の森の再生が試行的ではあるが、公園を利用する人々の力によってはじまった。うっそうとして暗いヒノキ林の林床がまったく緑陰のない場所に一変した環境では、ヒノキ林であった頃、園路からかすかに差し込む光をたよりに生きていたタラなどが急成長し、また、クサイチゴやバライチゴが大量に実をつけた。今後はクズなどが繁茂してくることが予想されるが、結果として飛鳥における二次的自然植生の移り変わりを利用者や地域住民に注目してもらえるよい機会となった（写真1-7）。

6）「オオムラサキの定着化」についての取り組み

国蝶であるオオムラサキの定着化は、飛鳥の歴史的風土を活用した魅力ある環境づくりの一環による公園イベントにおいて、イベント参加者とともに、オオムラサキの成虫と幼虫を年1回ずつ甘樫丘地区に放すもので、平成6年より現在まで継続して行っている。この取り組みは、まず日頃生きものに触れられる機会が少ない人々に公園という身近な環境を利用してもらい、国蝶であるオオムラサキを通してその魅力と生息環境を知ってもらう、いわば生きものに親しむことを出発点としている。園内に放すオオムラサキは、明日香村から採取した個体で人工繁殖させたものを用い、毎年成虫を100匹ほど（平成12年は800匹ほど）、幼虫は200～250匹を甘樫丘地区に放しているが、約4,000匹を一度に放したこともあった（写真1-8）。

甘樫丘地区の環境をオオムラサキの棲み家として見ると、成虫の餌になる樹液が出るクヌギ、コナラ、果樹園跡から発生する落果した果実、また幼虫の食餌木となるエノキが豊富に見える。しかし、5年以上続けている取り組みの成果が今まで全く見られていない一方で、周辺の緑地である香久山一体では個体数は多いと

第1章 人間と森の共生をめざして

写真1-7　甘樫丘地区における台風7号の被害状況

写真1-8　6月の放蝶会（甘樫丘地区）

第1章 人間と森の共生をめざして

いえないが、オオムラサキが確認されている。そこで、その原因を調べるために、平成11年より地域住民有志による甘樫丘地区および周辺を対象とした環境に関する調査・研究がはじめられた。

この先、甘樫丘を中心にオオムラサキの飛び交う姿が見られることを楽しみや喜びとして、それが人と森との共生という大きなテーマへ結びついていく足がかりになり、公園の緑がより一層、人々の生活のなかで身近に利用されていくことに期待したい。

参 考 文 献

(財)公園緑地管理財団　編（2000）：国営公園管理の概要
国営木曽三川公園　編（1999）：平成11年度　自然発見館活動記録集
国土交通省近畿地方整備局飛鳥国営公園出張所　編（2000）：国営飛鳥歴史公園周遊マップ

第2章

オオムラサキ

2.1 オオムラサキ復活への試み

1. オオムラサキの生態

　この章では、人工飼育をしているオオムラサキの生活史と人工飼育について紹介する。オオムラサキは、タテハチョウ科の中では世界で最大であり、わが国の国蝶とされている。年1回発生し、食草はニレ科のエノキ・エゾエノキで幼虫越冬する。

　人工飼育しているオオムラサキは野外の自然個体群より、越冬後の活動時期が約1カ月早まる。越冬した4齢幼虫は、4月初旬エノキに登り始め、エノキの葉を食べて成長する。約2週間で脱皮して5齢幼虫、その後、もう一度脱皮して6齢幼虫(終齢幼虫)になり、5月中旬には蛹になる。蛹になって15～18日後の6月初旬にオス、続いて中旬にメスが羽化する。6月中旬にはオス、メスがそろう。

　羽化した成虫個体を人工飼育ゲージ内(縦×横×高さ＝700×600×340 cm)で自然交配させる。交尾後、7日後から産卵を始める。6月下旬～7月上旬にかけて孵化が始まり、孵化は7月末まで続く。1メスの生涯産卵数は600～800個である。ケージ内の成虫は、人工ネクターを与えると8月末まで生存している。孵化した1齢幼虫は最初、集合しているが歩いたり糸をはいて分散する。7～10日で脱皮して2齢幼虫、10月初旬に4齢幼虫、エノキの葉が黄変する頃になると、台座を離れて地面に降り、エノキの枯れ葉に接着したまま越冬する。

　筆者は20年以上をかけてオオムラサキの人工飼育を確立した。オオムラサキを自然生態系の中に定着させるためには、毎年安定して多数飼育個体(越冬幼虫1万個体)を維持・飼育する必要がある。

　従来の人工飼育では課題とされていた以下の4点について、技術を確立した。

① 食草であるエノキ大害虫であるエノキワタアブラムシの天敵(生物農薬)利用による防除

　食草エノキの大害虫であるエノキワタアブラムシの防除に対して、天敵であるテントウムシ3種を連続的に導入することで、エノキワタアブラムシの被害を大幅に軽減できることがわかった。高温下では、ナナホシテントウ、ナミテントウが休眠して活動しないのに対し、ヒメカメノコテントウは活発に活動し、捕食することから高温下には有効である。

② 越冬幼虫を大量・確実に越冬させる方法

第2章　オオムラサキ

　冬期の越冬幼虫は乾燥に弱いことが、20年以上に及ぶ飼育経験からわかっている。家屋北側の直接風雨のあたらないところへ越冬用の容器(縦×横×高さ＝2m×1m×20cm)に1ケース当たり2,000個体を越冬させている。容器下面には川砂を敷き、エノキの葉で満たす。これによって、毎年1万個体以上の幼虫を越冬させることが可能となった。

③　飼育幼虫、蛹個体の天敵からの保護

　飼育ゲージは1mmメッシュのビニロン製の網を用いることで、大型捕食性天敵から飼育個体を保護できる。野外条件で天敵を調査したところ、卵は肉食性のアリ類、幼虫・蛹・成虫はヒヨドリ・ムクドリ・スズメなど鳥類6種が直接捕食している現場を確認した。

④　人工飼育環境下での餌(人工ネクター)の開発と成虫個体の自然交配の確立

　羽化したオス・メス個体は市販の乳酸菌飲料を希釈し、焼酎を加え完全発酵させた餌を与えた結果、成虫の寿命を2カ月以上に延ばすことができた。この人工ネクターの開発により成虫期間を大幅に延ばすことに成功し、ゲージ内での自然交配が可能になり、それまでハンドペアリングで交配させる手間が省くことができた。

2．オオムラサキの生活史

　オオムラサキ成虫は奈良県中南部では6月上旬より羽化し始める。メスはオスより1週間遅れて羽化する。6月下旬より7月上旬が成虫の最盛期で、クヌギ・コナラなどの雑木林に集まり樹液を吸う。交尾後2～3日でエノキの葉に産卵する。7～10日で孵化し、葉表に分散し台座をつくり、エノキの葉を食べて成長する。1齢幼虫期間は7～10日。2齢期間は8～14日で、1対の角状突起がある。3齢期間20～24日で4対の角状突起でわかる。4齢になると10月上旬、エノキの木からおり、根元付近のエノキの枯れ葉に糸を吐き座をつくって越冬状態に入る(写真2.1～写真2.6)。

　同じエノキを食樹とするゴマダラチョウの幼虫と混在して越冬しているのをよくみかける。ゴマダラチョウの幼虫とオオムラサキの幼虫は外見がよくにているが、オオムラサキが背面の突起が4対に対して、ゴマダラチョウは3対なので容易に区別がつく。

　越冬中に葉が乾燥すると湿度の高い葉裏に移動する。4齢幼虫は3月下旬から4月にかけてエノキに再び登り、新しい葉を食べて1～2週間ほどで脱皮して、越冬時の

2.1 オオムラサキ復活への試み

写真2-1　交　尾　3

オオムラサキのハンドペアリングが長い間成功しなかったのは、オスが交尾可能になるのに1週間以上かかることがわかっていなかったからである。羽化後11日以上たったオスなら100％交配は可能である。交尾後は暗い所や人気がないところでなくても、1度交尾すると8時間位は手で離そうとしても離れることはない。

写真2-2　孵化のようす

オオムラサキの幼虫はモンシロチョウやアゲハの孵化のように卵に穴をあけて出てくるのではなく、卵の上部を丸く切り取りふたをあけるように出てくる。

第2章　オオムラサキ

写真2-3　孵化 5
孵化した幼虫は、それぞれ自分の殻を食い尽くした後糸を吐いてぶら下がったり
枝を伝って歩いたりしながら分散して行く。

写真2-4　幼虫 4
孵化して数時間後、角のまだない1令幼虫とはいえ縄張り意識は強く
エノキの葉先に1頭ずつ糸を吐いて台座を作る。

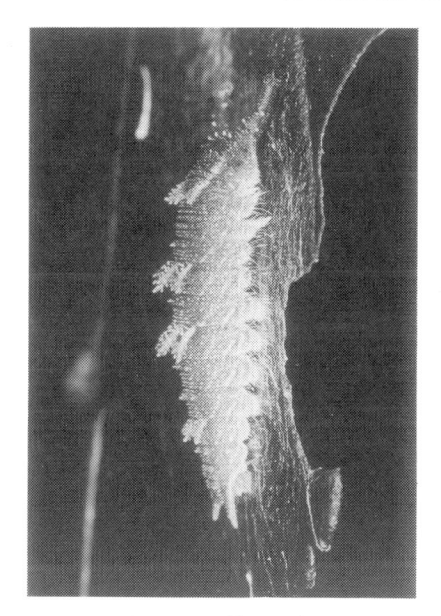

2.1 オオムラサキ復活への試み

写真2-5　幼　虫

10月3回目の脱皮を終えると角の短い越冬体型に変わる。北風に備えて台座の糸を多めにはり、すみかのエノキの葉も飛ばないようにしっかり枝にくくりつけておく。

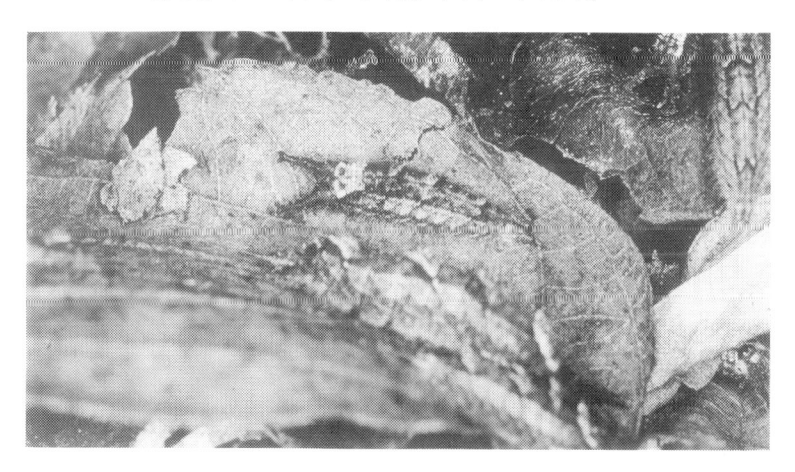

写真2-6　幼虫越冬

11月中旬エノキの葉が黄色から茶色に変わり始めると、1枚の葉に2～3頭の幼虫が止まっているのを見かけるようになる。越冬の時期には縄張り意識が薄れるのか、1枚の枯れ葉に20頭以上集まって冬を越すこともある。

褐色から緑色の5齢幼虫に変わり、その後2週間で6齢(終齢)になる。終齢期は2～3週間で、メスの方が1週間長くなる。そして食樹の葉裏や小枝で蛹になる。蛹は人が手で触れて刺激すると、激しく体を震わせる行動を示す。

オオムラサキの天敵として、卵に寄生するコバチ類や幼虫に寄生するヒメバチ類、寄生性のハエ類などが知られている。また捕食性天敵としてはアリ、アシナガバチ、スズメバチ、カメムシ、ムカデや鳥類が知られている。成虫は鳥類やクモ類によって捕食されることがある。

3. 人工飼育について

人工飼育しているオオムラサキの個体群は、1980年に地元の橿原市に隣接した明日香村稲淵から20個体、桜井市倉橋から10個体の越冬幼虫をそれぞれ採集し、累代飼育したものである。1981年336個体、1982年は2,562個体、1983年9,171個体、1984年には11,053個体と1万個体を越える越冬幼虫を飼育することができるまでになった。その後、2001年まで毎年1万個体以上の越冬幼虫を確保している(表2-1)。

飼育ハウスは(写真2-7)奈良県橿原市西新堂町にあり、市街化が進んでいる。しかし、周辺には田畑が残っている。放蝶している明日香村甘樫丘までは、約5kmの距離がある。

表2-1　オオムラサキ放飼数

年	越冬幼虫	飼育成虫
2000	8,256	1,047
1999	10,307	829
1998	10,013	762
1997	10,081	855
1996	10,048	817
1995	10,062	843

(1) 飼育ハウス内での発育段階

1) 卵

オオムラサキの卵は、チョウの卵の中でも最大級の直径1.3mmである。

モンシロチョウやアゲハチョウのように葉裏に一卵ずつ産み付けられるのと異なり、通常はエノキの葉の表側に約60～180個程度の卵塊で産み付けられる。

産み付けられたばかりの卵は濃緑色で、有精卵は1週間後には白色に変わり、孵化直前には卵殻を透き通して1齢幼虫の黒い頭部が動くのを確認できる。

一般的に、チョウの幼虫は卵の上部に穴をあけて卵殻から脱出するのに対して、オオムラサキの幼虫は卵の上部丸く切り取り、ふたをあけるようにして卵殻から脱出し、卵殻を全て食い尽くす。

写真2-7　オオムラサキ飼育ハウス

2）幼　　虫

　産卵して1週間後、卵塊から一斉に孵化する。1齢幼虫は体長約2mmで頭部は黒く角はまだない。卵殻を食べた後、糸を吐いてぶらさがり、風に吹かれたり、歩いて移動分散する。10日後、脱皮して角のある2齢幼虫になってからは、成長はゆっくり進む。9月下旬までに3度目の脱皮をして角の短い4齢の越冬幼虫になる。4齢幼虫の体長は約17mmになる。

　11月下旬には、4齢幼虫はエノキの葉が変色するのにともない、体色を黄色から茶色に変色させる。落葉が始まると台座の枯れ葉を離れて、枝から幹を伝って根元のエノキの枯れ葉の葉裏に糸を吐いて3月下旬までの長い冬眠に入る。

　4月エノキの新芽が出始めるころ、冬眠から目覚めた幼虫は枝先の股の部分に糸を吐いて台座を作る。台座というのは幼虫のベースキャンプと考えるとわかりやすい。昼間はほとんど活動せず、摂食行動は夜間に行う。エノキの新葉が展開すると、越冬時の茶色の体色の状態で台座を新葉に移す個体もあるが、大半の幼虫は枝先の木の股で脱皮し、移動して葉の表面に糸を吐いて台座を作る。

エノキの生長とともに幼虫の摂食量も増大し、5齢幼虫の体長は約50mmにも達する。5齢幼虫は5月初旬に脱皮して終令の6齢幼虫になる。成長するにつれて、1枚の葉では幼虫の体が収まり切れずに、何枚もの葉をつづり合わせて台座を作り、昼夜を問わずエノキ葉を食べ続ける。5月中旬には体長は約70mmにもなる。

3） 蛹

蛹化が近づくと終齢（6齢）幼虫の体色は濃い緑色から黄色に変わり、エノキの葉を食い尽くして枝先が丸坊主になった食痕だらけの生活の場を離れ、安全な場所を求めて移動し始める。エノキの葉裏や小枝、防虫ネットに移動して蛹になる。

（2） 成虫個体について

1） 生存期間および生存日数

成虫生存期間は6月上旬から9月中旬までだが、発酵させた人工ネクターを与えたところ、生存日数に大幅な増加がみられた。1,500個体を飼育して、オス個体は平均60日（最大81日）、メス個体は平均74日（最大90日）であった。

2） 活動時期

6月下旬から7月にかけて行動はもっとも活発になる。飛翔活動が活発になる時刻は、朝9〜10時30分頃、夕方の5〜6時30分頃の二つのピークが見られる。また、この時間帯はオスのメスに対する求愛のための追尾行動も活発になる。ただ、日中の高温時には木陰で休息していることが多い。

3） 交尾期間

6月上旬、オス個体がメス個体に先行して羽化し始める。オスの羽化後、7〜10日後にメスの羽化が始まる。

4） ペアリングについて

ハンドペアリングは、メスの羽化後、3〜7日目までに行う必要がある。その理由は、メスの産卵がオスとの交尾日に関係なく、羽化後7日目から始まるからである（森、1975, 1979）。自然交配の場合はメスの交尾拒否行動が強いので、交尾はハンドペアリングより遅れ、メスの羽化後10日ぐらいになる。

5） 交尾回数

交尾すれば、オスの分泌物（飴色でひも状）でメスの腹端部の交尾のうが埋められるが、再交尾・再々交尾は可能なようである。ただ、ギフチョウほどはっきりした痕跡は認められない。オス1個体当たりの交尾回数は3回以上であることは確認して

いるが、4回目以降の交尾メスの産出した卵は全て無精卵であった。

6）交尾時間

4時間以上交尾していれば有精卵を産むといわれているが、実際には4時間で離れることはなく、最短で8時間、最長で24時間、平均すると9～10時間である。交尾時間が長い場合はオスが死亡する場合もある。

7）産卵数

15年前に飼育していた時期は、成虫用の人工ネクターが未完成であり、生存日数が現在にくらべ短く、産卵数は当時約300個であった。一般的には、1メス当たりの産卵数は約500といわれている。なお、人工飼育を初めて20年後の現在、改良された発酵ネクターの使用で、1メス当たりの産卵数は約600～800個である。

4. オオムラサキの飼育環境

（1）オオムラサキの幼虫の餌

オオムラサキの幼虫の餌（食草）となるエノキの栽培増殖維持管理は、蝶類を飼育するうえで最も重要な要素である。ましてや、大量個体を累代飼育するとなるとなおさら重要である。エノキ飼育の問題点として、この木は水上げが悪く、すぐしおれてしまう。そのため飼育ケースや水さしの切枝で飼育すると、蝶になるまで生育しても普通よりも小さな個体になってしまう。

（2）袋かけによる飼育

野生並の大きな個体に育てるためには、エノキの枝に天敵よけの袋をかけて、その袋の中で幼虫を飼育する。袋の中の葉が少なくなると新しい枝に袋を掛け替え、幼虫を移し替える。

奈良県の旧街道にはエノキの大木がたくさん生えており、袋の数を増やせばオオムラサキの幼虫はいくらでも飼育できる。しかし、少々大きな袋を使って間延びした野生のエノキの枝にかぶせても葉の量は少なく、食欲旺盛な終令幼虫（体長約70 m）まで育てるには、何度も袋かけをしなければならない。この方法では、200～300個体が限度である。

（3）大量飼育のための模索

飼育方法の試行錯誤の結果、飼育ケージとして思いついたのがビニールハウスで

あった。目の細かいイチゴ用育苗網をビニールの代わりに用いた。イチゴの育苗には目の細かい網が最適であり、アブラムシの侵入やウィルスフリー（ウィルスをもたない）のイチゴ苗を育成するのに多く利用されている施設にヒントを得た。アブラムシが侵入できないということは、幼虫に寄生する小型の寄生蜂類（アオムシコマユバチ）も侵入できないことが推測された。

まずパイプハウスを建て、その中にエノキを地植えし内部を消毒する。飼育するオオムラサキ以外の生物を排除すれば、理想的施設が完成するのではないかと思われた。

ハウス内には10本のエノキの苗木を植え、ハウス内に収まるように枝を剪定した。冬にはエノキに石灰硫黄合剤、成長期にはスミチオンを散布し、5年後にはエノキも十分に成長し、成虫500個体ほどは楽に飼育できるようになり、「理想のハウス」は完成したかに思えわれた（写真2-8）。

写真2-8　飼育ハウス内部
エノキを約1m間隔に植えている。餌（ネクター）は、天井からさげた深さ2cm程度のバケットに入れ与える。

(4) 農薬使用が不可能な飼育ハウス

　ハウスの完成によって、天敵からの保護はほぼ達成されたと思えたのだが、年数の経過とともにエノキの害虫に悩まされることになった。それは、エノキの葉を加害するエノキワタアブラムシである。

　このエノキワタアブラムシも他のアブラムシと同様に増殖力がすさまじく、そのうえハウス内という閉鎖空間であるがゆえ、瞬く間に増殖する。エノキの葉から吸汁して葉を萎縮させ葉巻状態にしてしまう。そして、アブラムシの排泄物によってエノキの葉にスス病が発生し、黒く変色してオオムラサキ幼虫の餌に適さなくなる。剪定や手作業によってつぶしたりするなどの物理的防除をしても限界があり、効果は期待できない。かといって、化学合成殺虫剤を害虫のアブラムシに噴霧するとその影響がアブラムシだけに特定して現われるものではなく、オオムラサキの幼虫にも影響が出てしまう。

(5) エノキワタアブラムシについて

　卵で越冬し、春に孵化した幼虫は、寄主植物であるエノキの葉を吸汁し成長する。繁殖可能になれば、未交尾にもかかわらず産卵する。これらはすべて無翅のメス個体で移動能力は小さい。アブラムシは一般に単為生殖という特殊な生殖様式をもっていて、秋になると、有翅のオス・メスの個体を産出し分散、交尾して産卵する。

(6) エノキワタアブラムシの天敵テントウムシ3種（ナナホシテントウ・ナミテントウ・ヒメカメノコテントウ）の利用による生物防除

　農薬を使用せずに、オオムラサキに影響を与えないアブラムシ防除として、天敵利用を考えた。最も普通に考えられるのが、テントウムシによるアブラムシ防除である。

　春になれば一番早く活動を始めハウスの周辺で、普通にみられるナナホシテントウを実験的に試したところ、アブラムシを盛んに捕食し、生物天敵として利用できることがわかった。防虫ネットがあるために、野外では大量発生して分散移動していたアブラムシが逃げられず、逆にテントウムシの絶好の餌となる。他の天敵としてヒラタアブやクサカゲロウも観察してみたが、テントウムシほどの顕著な効果は見られなかった。しかし、春期でもハウス内が高温になると、ナナホシテントウの成虫は休眠して活動しなくなってしまった。

そこで、今度はナナホシテントウの代わりにナミテントウを導入してみたのだが、これも夏期の高温期に活動せず、振り出しに戻ってしまった。

それでも生物による防除にこだわり続け、試行錯誤の結果、夏期には小型のヒメカメノコテントウが最も効果的であることがわかった。そこで、3種それぞれが活動する温度環境が整理でき、

① 3月中旬〜4月上旬：ナナホシテントウ
② 4月中旬〜　：ナミテントウ
③ 6月以降　：ヒメカメノコテントウ

の順に連続的に生物農薬としてハウス内に導入することで、アブラムシの被害を許容水準以下に抑えることができるようになった。

これらテントウムシは、夏期に餌となるアブラムシを食い尽くすと、活動は減少するが、全滅してしまうことはなく、オオムラサキ成虫に餌として与えている人工ネクター発酵液を食べて秋まで生存している。時には、他個体のテントウムシが産卵した卵を食べる場合もある。

なお、オオムラサキ1齢幼虫はテントウムシに捕食される場合があるが、1割にも満たない程度であり、心配はないだろう。それよりも、エノキワタアブラムシを捕食し、エノキワタアブラムシによるスス病を防いでくれる方がはるかに有益である。

一般に農作物の害虫防除において、農薬などの化学合成殺虫剤を利用すれば効果が素早く現れるが、生物農薬としての天敵利用は殺虫剤にくらべると時間がかかり、即効性が現れにくい場合が多いことも事実である。

それでも化学薬品の他の生物への影響を考えると、防虫ネットで閉鎖された飼育ハウス内のエノキワタアブラムシの防除に関するテントウムシ3種の利用は、オオムラサキを大量飼育する上で最も効果的な防除方法だといえる。

5. オオムラサキの天敵調査

（1）野外個体群の天敵

1）昆 虫 類

・**エノキを食害する昆虫類**：エノキは、丘陵地帯の低山林、屋敷林、道路や畑の縁、神社境内の林によくみられる落葉性広葉樹の高木樹で、昔は徒歩で移動する際の目標となる一里塚として利用された、馴染のある木である。また、オオムラサキにとっても重要な木でもあるこのエノキについて、2000年3〜11月まで飼育

ハウス周辺にみられるエノキを食害する昆虫類を調査することにした。

エノキを利用するチョウ類では、オオムラサキと混在することの多いゴマダラチョウが良く知られている。低地の市街地近郊の神社や公園でもみられ、オオムラサキと同じく幼虫越冬するが、多化性で年3～4回発生し、オオムラサキよりも乾燥した環境にかなり適応できる。その他に、テングチョウ、ヒオドシタテハなどが知られている。ガ類では、大型種としてニレキリガ、オオシマカラスヨトウ、シンジュサンがいるが、十分に生育したエノキであれば、いずれもオオムラサキの生育に影響を与えるものではない。

また、4月初旬に体長2cm近くある大型のハバチ、ホシアシブトハバチが飛来して産卵する。年によっては大量発生し、幼虫はエノキの新葉を食べて成長し2週間ほどで蛹になるが、オオムラサキの幼虫と競合することはない。

甲虫類ではタマムシ、クロタマムシ、ゴマダラカミキリ、ミヤマカミキリなど数種が知られている。タマムシの幼虫は生きている木よりも枯れた木質部に潜り込んで食害する。カミキリ虫2種は、若い枝の樹皮をかじり、幼虫が木質部に潜り込むと生長が悪くなる。幼虫の活動のために木が枯れることはない。葉を食害するものとして、ヒシモンナガカメムシ、ナシガタチビタマムシがいるが、各種とも小型種で木の生育の影響を与えるものではない。

・オオムラサキを捕食する昆虫類：飼育ケージ周辺の、エノキ(樹高2m)にオオムラサキの幼虫を放し調査した。調査地は、甘樫丘から北西約2kmの水田・畑・住宅が混在する畑内の人工飼育場所である。

卵の天敵は、卵寄生蜂であるダマゴコバチ、肉食性アリ類、カメムシ類である。

幼虫の天敵は、アオムシコバチ、シリアゲアシブトコバチ寄生蜂、肉食性アリ類シリアゲアリ、ルリアリ、社会性狩り蜂フタモナシナガバチ、セグロアシナガバチ等である。

7月から9月にかけて1～3齢幼虫を捕食する。この時期のアシナガバチは、働きバチの個体数も最大になる。働きバチ以外に、オスバチ、新女王バチを育てるために餌となるチョウ・ガ類の幼虫を捕獲するための採集活動が最大になる。これらのアシナガバチ類はオオムラサキの幼虫を効率的な捕獲対象としたものと考えられる。

越冬幼虫は外部形態がナメクジに似ているているため、擬態効果によって天敵に忌避され、天敵の捕食率を低減する効果があるのではないかと考えられている。

これまで、越冬幼虫が天敵に捕食された現場の観察データは得られていない。

2) 鳥類の捕食調査

2000年1月から2001年12月まで、飼育ハウスに隣接したエノキ(樹高2m)に、毎週月曜日、7日おきに20頭のオオムラサキの幼虫を放し飼いし、1日毎に鳥類の捕食観察調査を行った。この調査結果から6種の鳥類の捕食を確認したが鳥類の個体識別は行わなかった。以下に、この調査以前の20年間の観察結果を交え、鳥種ごとに捕食時期と捕食行動について報告する。

- イカル：3月下旬5～6羽の小集団で飛来し、冬眠から醒めエノキの枝先の台座に張り付いた幼虫を食べる。エノキに花が咲く4月下旬には姿を見せなくなる。
- スズメ：3月下旬からエノキの枝先に台座を作って張り付いている茶色の4齢幼虫を食べ始める。脱皮した約3cmの緑色の幼虫の時期には、くちばしに4～5個体くわえて持ち去る。5月中旬、幼虫が7cmもの大きさになるころ、スズメのひな鳥も食欲が旺盛な時期に入り、親鳥は大きく成長した終齢幼虫を引きずりながら運び去る。蛹、成虫を捕食している現場はこれまで観察されていない。

1～2齢の小さな幼虫は餌としての価値がないのか、スズメ以外のいずれの鳥も捕食することはない。唯一スズメだけが幼虫が3齢から4齢になる時期の9月下旬、若鳥を伴って飛来し、稲穂が実る10月下旬まで幼虫を食べ続ける。

- ヒヨドリ：4月下旬、幼虫が大きく成長するのを待っていたかのように2～3羽の小集団で飛来し、先客のスズメを追い払って幼虫を捕食する。蛹の場合は体表に穴を空けて体液を吸う。また、飛翔中のオオムラサキ(成虫個体)を空中で捕獲し、羽をむしり胴体部分を食べることもある。しかし、1～4齢幼虫は食べないようだ。
- ムクドリ：5齢幼虫の後半から蛹化前の最も大きな時期に集団で飛来し捕食する。多い時期には30羽以上になることもあり、数時間で幼虫を食い尽くすが、蛹や成虫を捕食することはない。1995年の観察では、1回の飛来で100個体以上が捕食された。
- モズ：2月、オオムラサキの幼虫がエノキの根元で冬眠している時期から、モズはエノキの枝先に縄張りをはる。モズはスズメやヒヨドリを追い払うため、一時期はオオムラサキの幼虫を守ってくれるかっこうになるが、オオムラサキが成虫になると数羽の若鳥とともに成虫を捕食し始める。ヒヨドリやスズメのようにくちばしでつつくのではなく、飛翔中のオオムラサキを2本足でつかむので100％捕

食される。モズは強力な足でチョウつかみ、4枚の羽をくちばしでむしりとり、胴体部分のみを食べる。

・ハシボソガラス：オオムラサキの幼虫期間は10カ月に及ぶため、幼虫の成長は最大1カ月近くも個体差ができる。発育の早いオスは蛹になっているのに対して、メス幼虫は、まだ終齢にもなっていないことがある。5月下旬、1,000個体になる飼育幼虫の半数は蛹、残りの半数が7cmぐらいの幼虫になっていて、エノキの葉は幼虫の摂食によって食痕だらけでボロボロになっている。この時期にハシボソガラスは飛来する。人間が近くにいても逃げる気配は全くなく、堂々と幼虫をくわえて飛び去る。飼育ハウス内の防虫ネットについている蛹もくちばしで網目をずらして穴を広げ持ち去る。カラスが飛来するようになったのは約10年前からである。

これまで、鳥類による捕食現場の直接観察記録はなかったが小林・稲泉（1999）によると、オオムラサキの捕食にはシジュウカラとホオジロが関与した可能性が高いことを、越冬終了後から羽化までの死亡要因の調査の中で示唆している。今回鳥類6種の捕食現場を確認し、飼育ハウスの周囲に放飼する幼虫は、鳥類からかなりの捕食圧を受けていることが明らかになった。

これは、鳥類が視覚から餌対象を認識することから、飼育ハウス内で大量飼育されている個体を視覚認識してまず目標にして飛来し、その後、捕食可能な飼育ハウス周辺のエノキの放飼個体群を探索して捕食した可能性が高い。

鳥類は一般的に餌対象が高密度で発生、存在していると、その場所を集中的に探索・採餌する傾向があることから、今後、飼育ハウスよりかなり離れた場所で数箇所の実験区を設けて天敵鳥類の調査が必要であろう。放す幼虫の密度を変えて調査する工夫も必要である。

3）その他の天敵類

・チョウセンイタチ：7月上旬夜間に飼育ハウス内の成虫個体を数百、胴体部分のみを食べ散らかしているのを確認した。飼育ハウス地下の土中を掘りトンネルを作って外部からハウス内に侵入し捕食したようだ。

6. 成虫の餌

（1）雑木林の樹液について

梅雨から夏期にかけて、人里に近い丘陵地、低地などの雑木林は、甘酸っぱい香

りを漂わせる虫たちの森の酒場をになっている。この甘っぱい香りの正体は、落葉性広葉樹であるクヌギ、コナラなどが出す樹液である。これらの樹木は、樹液が出ているからといって樹勢が衰えることはない。

　昆虫酒場の下準備をするのは、カミキリムシの幼虫である。春になり、気温の上昇とともに越冬のために休眠していたカミキリムシの幼虫は活動を始め、樹木内部の組織を食べて成長する。幼虫が作った傷口から糖類を含む樹液がしみだし発酵してくる。この傷口を広げ、昆虫酒場の集客に一役買うのがハチ類である。セグロアシナガバチ、キアシナガバチ、オオスズメバチ、コガタスズメバチは、持ち前の強力なアゴで表皮の繊維をかみ砕いて樹液の分泌を促進する。

　梅雨から夏にかけて、いろいろな昆虫がこの酒場を利用する。ハチ以外に、タテハチョウチョウ、ヒカゲチョウ、ゴマダラチョウなどのチョウの仲間、カブトムシやカナブンなどのコガネムシの仲間、ガ、ハエ、ゴキブリまで顔を出す。酒場の客人たちを狙って、大型クモ類も捕獲するチャンスを待っているのをよく見かける。樹液の分泌・発酵がこれらの昆虫の働きによって促進されているのである。

　この樹液のことだけから考えても、オオムラサキだけを保護してそれ以外の生物を排除するということが無意味なことかわかるだろう。

(2) 人工ネクター
　成虫が繁殖可能になるためには、最低限の日数(卵巣発育)繁殖前期間が必要である。できるだけ多くの産卵数を確保するためには、成虫の寿命を延ばさなければならない。従来の「餌」(ネクター)では寿命が伸びず、新たなネクターの開発が課題となった。

　従来、乳酸菌飲料の原液を約10倍に希釈して、酒類で漬け込んだカリンリキュールを約5％加えたものを与えていた。それが、うっかりネクターを作成した容器を密封したまま放置してしまい、その発酵が進んだネクターを与えたことがあった。これまでに与えたことがないような、十分発酵が進んだネクターであったが、思わぬ好結果を生むことになった。

　この発酵が進んだ餌を与えたところ、これまでの成虫寿命と産卵数で比較した場合、生存日数の大幅な増加がみられた。この発酵ネクターが開発できるまでは成虫寿命が短く、自然交尾で産卵可能な状態になるまで待っていると、寿命が尽きて死亡する問題があった。少しでも産卵数を多く確保しようとすると、羽化後早期にハンドペ

アリングで人為的に交尾をさせて、産卵させる以外方法がなかったのである。

　発酵ネクターを利用することで成虫寿命が大幅に伸びた結果、ハンドペアリングによって強制産卵させる必要もなくなり、交配にかける手間を大幅に省けることになった。すなわち、飼育ハウス内で放っておくと自然交尾して産卵をするようになった。

(3) 天然樹液と人工ネクターの成分分析

　人工ネクター液にくらべて、天然樹液では有機酸が多く糖質が少ないことが判明した。発酵に関する香気成分が共通している、有機酸中の乳酸・酢酸が共通して多いこと、ミネラル成分に共通してCa・Na・Pなどが検出され、共通点がかなりあることがわかった(表2-2)。

表2-2　人工ネクターとクヌギ樹液の栄養成分比較 (1)

一般的栄養成分

栄養成分	樹液抽出液 (g/100ml)	乳酸菌飲料発酵液 (g/100ml)
水　分	99.0	94.3
灰　分	0.21	0.03
蛋白質	0.18	0.19
糖用屈折計示度	1.2 (Brix)	6.7 (Brix)
pH	4.4	3.6
酸　度	4.8 (ml/10ml)	3.6 (ml/10ml)
アミノ酸度	1.10 (ml/10ml)	0.13 (ml/10ml)

特殊成分分析
　① 糖組成

糖類	樹液抽出液 (g/100ml)	乳酸菌飲料発酵液 (g/100ml)
果　糖	0.03	1.03
ブドウ糖	不検出	0.96
砂　糖	不検出	2.97
麦芽糖	不検出	不検出
合　計	0.03	4.96
糖用屈折計示計	1.2 (Brix)	6.7 (Brix)

表2-2 人工ネクターとクヌギ樹液の栄養成分比較（2）

② ミネラル成分

ミネラル成分	樹液抽出液 (mg/100ml)	乳酸菌飲料発酵液 (mg/100ml)
カルシウム	7.6	8.7
マグネシウム	9.5	1.4
鉄	0.9	0.1
マンガン	0.5	不検出
リン	13.8	5.6
ナトリウム	29.5	5.2
カリウム	7.3	1.3
ケイ素	2.9	0.2
アルミニウム	5.9	不検出
亜鉛	0.5	不検出
合　計	78.3	22.2

③ 有機酸組成

有機酸	樹液抽出液 (mg/100ml)	乳酸菌飲料発酵液 (mg/100ml)
リン酸	35	8
クエン酸	3	4
リンゴ酸	1	1
コハク酸	8	4
乳酸	134	97
酢酸	496	233
ピログルタミン酸	55	不検出
合　計	730	346

　分析結果を参考にして、天然樹液と比較して人工ネクターに欠けている成分を添加することによって、より天然樹液に近い人工ネクターになると思われる。従来の乳酸菌飲料の発酵液に酢酸を加え、人工ネクターには不検出のピログルタミン酸についてはプロテイン、アミノバイタルを添加すれば、ほぼ完全な人工飼料になるのではないかと思われる。

(4) 人工ネクター開発の歴史

樹液に集まる蝶の餌は、乳酸菌飲料10倍液、花蜜を吸う蝶の餌は蜂蜜の10％液を与えるのが常識だった。オオムラサキの集まるクヌギの樹液は甘酸っぱい発酵臭を発し、十分発酵が進んでいることから、乳酸菌飲料10％液にブランデーと酢を混ぜ合わせたネクターが良いとされていた。

夏の時期の乳酸菌飲料溶液は、2日も経過すれば腐敗するため、毎日新鮮なブランデー入りの乳酸菌飲料を作製しなければいけないと考え実行していた。しかし、飼育ハウス内に設けた餌台には、オオムラサキが自ら進んで餌台に集まることはなく、暑い晴天の日に1日でも餌交換をしなければ、ハウス内の地面がオオムラサキの死骸だらけになる有り様であった。

成虫の羽化から産卵が終わるまでの約1カ月間は、ハウス内の数百頭の成虫個体を1個体ずつ手でつかんで、1日1回人工ネクターを吸わせていた。大量飼育をするには、これでは手間がかかりすぎて、いくら時間があっても足りないような気の遠くなるような労力をかけたものであった。

それが、2000年になって、たまたま発酵した乳酸菌飲料を餌として供与したところ、蝶の方から進んで吸蜜しにくるようなり、手間が不要になったばかりか、成虫寿命も大幅に伸長し、産卵数も極端に増加するという結果を生んだ。

『人工ネクター開発とオオムラサキの生存日数』

1980～1989年	乳酸菌飲料10％＋ブランデー未発酵	24日	
1990～1999年	乳酸菌飲料10％＋梅酒	♂30日	♀45日
2000年	乳酸菌飲料10％＋焼酎を3日間発酵	♂60日	♀75日

7. 幼虫の越冬

(1) 人工越冬の方法

冬期の越冬幼虫は乾燥に弱い。家屋北側の軒下で、直接風雨や直射日光の当たらない場所へ越冬用の容器(縦×横×高さ＝70×130×20cm)を6ケース設置し、1ケース当たり約2,000個体を越冬させている(写真2-9)。上面は1mメッシュの防虫ネットでおおった。容器下面は底板はなく、底面に川砂を敷き、エノキの葉を約10cmに満たす。これによって、毎年1万個体以上の幼虫を越冬させている。越冬幼虫の死亡率は1～2％未満である。越冬用ケース内の葉の堆積層によって、外部の急激な温度変

写真2-9　越冬ケースと筆者

化や湿度変化を緩和し乾燥化を防ぐなど、越冬に最適な温度・湿度を保持しているものと考えられる。ケース内の越冬幼虫は葉が乾燥すると、適度な湿り気のある葉に移動する。

(2) 自然個体群と死亡要因

　飼育ハウス外部周辺のエノキには毎年少なくとも数十個体が越冬しているが、天敵による越冬幼虫の捕食観察例は20年間ない。想像だが、越冬幼虫はナメクジに似ていることから、天敵類に対して忌避効果があるのかもしれない。

　野外でオオムラサキを定着させるために越冬幼虫を野外に放す場合、越冬場所のエノキの落葉層が少なかったり、越冬幼虫のついている葉が飛散、移動して消失してしまわないように、エノキの根元に保護用のスペースを設けるなど、落葉層の保護管理などが必要である。

8. 今後の取り組み

(1) 人工飼育の問題点と課題

　20年以上にわたり飼育ハウス内で人工飼育を行っているが、発酵させた人工ネクターの作成により、ハンドペアリングが不要になったのは2000年が初めてである。それ以前は、毎年ハンドペアリングによってオスとメスを1ペアずつ強制的に人為交配させていた。さらに、テントウムシ3種によってエノキの大害虫であるエノキワタアブラムシの生物防除に成功し、労力的には大幅に省力化できるようになったが、オオムラサキの飼育に関してはまだまだ疑問点が多い。

　関西地域では、野外で生息するオオムラサキの翅の裏面の色彩によって、黄色型と白色型の2タイプが見られる。比較すると6：4で黄色タイプが優勢である。野外で採集した個体は、いずれも黄色タイプと白色タイプの2型にはっきり区別できるが、20年以上飼育ハウス内で累代飼育された個体は、全てが黄色と白色との中間色になってしまう。このことは、人工的にペアリングを実施したことに起因するのか、自然交配に任せておけば中間色にならなかったのか不明である。ひょっとすると、中間色型は野生型に較べて生存率が劣り、野外では自然淘汰されているのかもしれない。今後、野外で採集した自然個体を使って実験的に検証する必要があろう。

　オオムラサキの成虫寿命は複眼の色で推測する。寿命が尽き、死亡時期が近づくと、目の色は黒く曇ってくる。この変化は累代飼育によるものか、飼育環境の物理環境（温度・湿度・日長など）が影響しているのか、人工ネクターの成分が影響しているのかは、いまだに解明できないでいる。野外個体は、羽化後1カ月は経過していると思われる個体でも、複眼は黄色で澄みきっているのに対して、ハウス内の飼育個体は羽化後1週間も経過すれば、複眼は曇り始めて黒くなる。時間的余裕があれば、地域個体群内で同型交配、異形交配を組み合わせて、外部形態や生殖器官（卵巣、精巣）の個体変異を調査し、遺伝学的な検証をする必要がある。

(2) 地域個体群を保護する意味

　日本の地域によって、翅裏面の色彩の変異割合が異なっている。北海道の個体は小さく、裏面の色は全て黄色。それに対して九州の個体は白色。ハンドペアリングによって九州の白色個体と北海道の黄色個体をかけあわせると、全て白色型になる。近畿では、黄色型：白色型＝6：4の割合で見られ、白色型×黄色型のF1は全て黄

色型が出現する。

　これは、本州のある地域で色彩パターンの優性が切り替わっていることが考えられる。研究で閉鎖空間において遺伝的特性を調べるのは構わないだろうが、人為的に特定の地域個体を他の地域に移植することは決して許されることではない。地域ごとの個体群は、その地域の自然環境に適応して進化した歴史的な存在であるので、野外に放す場合はできるだけその地域の個体群に限るべきである。

(3) 生息環境と天敵相

　放蝶を続けている明日香村甘樫丘公園は、オオムラサキの食草となるエノキと、成虫の餌である樹液を提供するクヌギなどの雑木林は数的には十分だと考えられるが、造林されて20年と林相が若いことも定着しにくい一因になっていると考えられる。

　二次林の消失や都市化の進展によって、オオムラサキの有力な捕食天敵であるムクドリ・ヒヨドリ・スズメなど、市街地および市街地近郊と同様な鳥類が多く見られることもオオムラサキの定着を阻害している要因だと考えられる。ムクドリや渡りをしなくなったヒヨドリ、近年のカラスの増加など、都市化によって鳥類のバランスが崩れてきていることが明らかになっているが、これらの鳥類の天敵となるワシ、タカなどの猛禽類の生息数とも関連しているのかも知れない。

　飼育ハウス周辺の天敵を調査してわかるように、鳥類の捕食圧がオオムラサキの生存率にかなりの影響を与えていることから、鳥類の餌となる対象生物をオオムラサキ以外で豊富にすることで、オオムラサキを餌対象から除外させるように方向付けする必要があろう。

　鳥類の採餌戦略として一般的に、餌が高密度で発生している場所を集中的に探索することから、越冬幼虫や成虫の野外で放飼する方法も工夫しなければならない。高密度で狭い範囲より、低密度で広い範囲に分散させることが適切な方法であると思われる。

　成虫の餌源である樹液を出すクヌギ、コナラなど、雑木林(二次林)は人為的な管理がないと植物相の遷移が進んで照葉樹林に移行してしまうことから、更新などの定期的に適切な人為管理する必要がある。これら二次林は、高度成長期以前は慣習的に薪や薪炭材や堆肥のために利用されて維持されていたのであった。越冬幼虫は乾燥環境に弱いことから、エノキを主とした落葉性広葉樹の落葉層が確保や水系の

保全が必要である。落葉層は適度の湿度を保持する効果があり、急激な気温変化や大雨暴風などのから越冬幼虫の飛散を防ぐなど、物理的な環境の変化に対して緩衝材として作用するし、天敵からの隠蔽効果も考えられる。

　甘樫丘公園でオオムラサキを復活させるには、オオムラサキだけでなく、昆虫類を含む動物相、植物相を多様で豊かににする人為的な努力と、越冬環境の整備に加えて、森自体が生長するまでの時間が必要と思われる。

参 考 文 献

朝比奈・石原・安松ほか（1971）：原色昆虫大図鑑Ⅲ、北隆館、東京
伊藤・奥谷・日浦ほか（1977）：原色日本昆虫図鑑(下)、保育社、大阪
小林隆人・稲泉三丸（1999）：オオムラサキの越冬終了後から羽化までの死亡過程とその要因、
　Japanese Journal of entomology (N.S), **2**, 57-61
森　一彦（1975）：オオムラサキの生態と飼育、ニューサイエンス社、東京
森　一彦（1979）：オオムラサキの繁殖法、ニューサイエンス社、東京

2.2 オオムラサキの定着をめざして

1. 生息環境

　1999年4月～2000年8月まで、飛鳥歴史公園甘樫丘地区(以下、甘樫丘)でオオムラサキの定着に必要な条件を調査した。調査項目は、エノキ(*Celtis*)・クヌギ・コナラ(*Quercus*)などの植生と鳥・昆虫類を中心とした動物生息について行った。その結果、オオムラサキの幼虫が餌とするエノキは910本。また、成虫となったオオムラサキが餌とする樹液を出すクヌギ・コナラなどは2071本で、調査中に68.0％の樹木から樹液が出ていた。

　次に、甘樫丘に生息する動物では、ノスリ(*Buteo buteo*)をキーストーン種として鳥37種・昆虫75種・哺乳動物6種・爬虫類6種が観察できた。食性からみて成虫になったとき、同じ食性を示すゴマダラチョウ(*Hestina japonica*)やヒョウモンチョウの種類等のタテハチョウ科の蝶も多く観察した。同様に、幼虫の時に同じ食性を示す昆虫ではタマムシなどが見られた。定着実験として2000年3月には、700頭の3齢虫をエノキの根元に放虫した。さらに、6月と7月に合計759個体(雄425、雌334)の成虫を放蝶してその定着を観察した。結果は7月に蛹と雄、8月に雌をそれぞれ1個体観察できた。これらの観察結果と生息地の状況、さらに岐阜県長坂町の生息地との比較からオオムラサキ定着のためには、生物生態系的環境は十分とは言えないが整っているように思われる。むしろ非生物生態系環境における、水場の不足と下草刈りによる枯れ草や落ち葉の必要以上の撤去作業が越冬幼虫の生息環境に影響を与えていると思われる。

2. 甘樫丘 ― フィールド紹介と調査の目的 ―

　甘樫丘は奈良盆地の南端に位置し、従来からカキ・ミカン・ウメ等の果樹園、スギ・ヒノキ・タケ等の植林地とコナラ・クヌギ等の雑木林が混在している。広さ25.1ha、海抜150m足らずの里山である。頂上に登ると眼下に藤原京跡が広がり、飛鳥川が丘の西から北側麓を囲むように流れている(写真2-10)。

　1975年日本初の国営公園としてスタートして以来、(財)公園緑地管理財団により管理され歴史公園としての景観が保持されている。しかし、開発以前にはごく普通に観られた国蝶オオムラサキが全く見られなくなってしまった。現在では放蝶して

写真2-10　甘樫丘を望む

定着を計っているのが現状であるが、それでも1995～1999年の5回の放蝶にもかかわらずその定着は確認できていない。

そこで、私たちはなぜ定着しないのかその原因について調査し、オオムラサキが定着する環境条件を明らかにしたいと考えた。そして、二次的自然環境の生態系維持・保全と人間生活のよりよい関係を探ってみたいと思う。

3. 調査の方法

(1) 甘樫丘地区全体の植生とオオムラサキの食餌木分布調査

全体の植生分布は、植栽・植生図面などの資料を中心に調査した。

幼虫の食餌木であるエノキならびに成虫の餌場となるクヌギ、コナラについて、高さ、目通りを実測し、また、樹液が出ているかどうかの有無を確認した。測定について、高さは目視により、目通りは根本から130～150cmの幹を輪尺で計測した。調査期間は、1999年8月～2000年5月までであった。測定が終わったクヌギ、コナラについては、オレンジ色の名札(2×5cm、ポリプロピレン製)に整理番号を記入し、長

さ約2.5cmの鉄釘で名札を打ち付けた。エノキも同じように水色の名札を使用した。

(2) 甘樫丘地区の動物生息状況について

特に、オオムラサキを補食し、またはテリトリーをおびやかす鳥類、オオムラサキと同じエノキを食餌木とする昆虫などを把握するためにルートセンサスを実施した(図2-1)。

1) 鳥　類

鳥類の観察は年間を通して行った。調査期間は1999年4月～2000年4月までであった。月に1～2回、主として午前8時～12時まで、ルートを徒歩により調査観察を行った。観察方法は、双眼鏡を使用した目視と鳴き声であった。スチールカメラにより記録を取った種もある。

2) 昆虫類

調査期間は、1999年4月～9月までと2000年4月～9月までであった。1週間に1回、1日午前8時、10時、12時、午後2時、4時の5回を基準としてルートセンサスを行った。観察ルートは、1周約1時間30分で廻ることができた。期間中、夜間観察も2週間に一度行った。時間は午後8時～10時であった。調査観察方法は、目視、鳴き声と採集ネットにより採取も行ない、採取した昆虫類は冷凍保存後標本とした。

3) その他の動物

食餌木分布、鳥類、昆虫類の観察調査時に観察できた哺乳類・両生類・爬虫類について記録をとった。また、調査観察で観察できなかった種類についても、地域住民に聞き取り調査を行い生息しているのを確認した。

(3) オオムラサキの生息実態について

1) 成虫確認調査と放蝶作業

ルートセンサスと合わせてオオムラサキの生息調査を行った。1999年6月(100個体、雌雄比1：1)と2000年6月と7月(合計759個体、雌雄比1：1)に人工飼育により羽化した成虫を放蝶した。放蝶個体は油性マジックインキで羽にナンバー(1～759)をつけ、放虫個体や定着個体と区別できるようにした。

2) 幼虫生息実態調査と幼虫放虫作業

甘樫丘地区内にあるエノキの根元より、半径1m以内で越冬する幼虫の確認ならび越冬場所である落ち葉の堆積状況を調査し、人工飼育した3齢虫533個体をエノキ

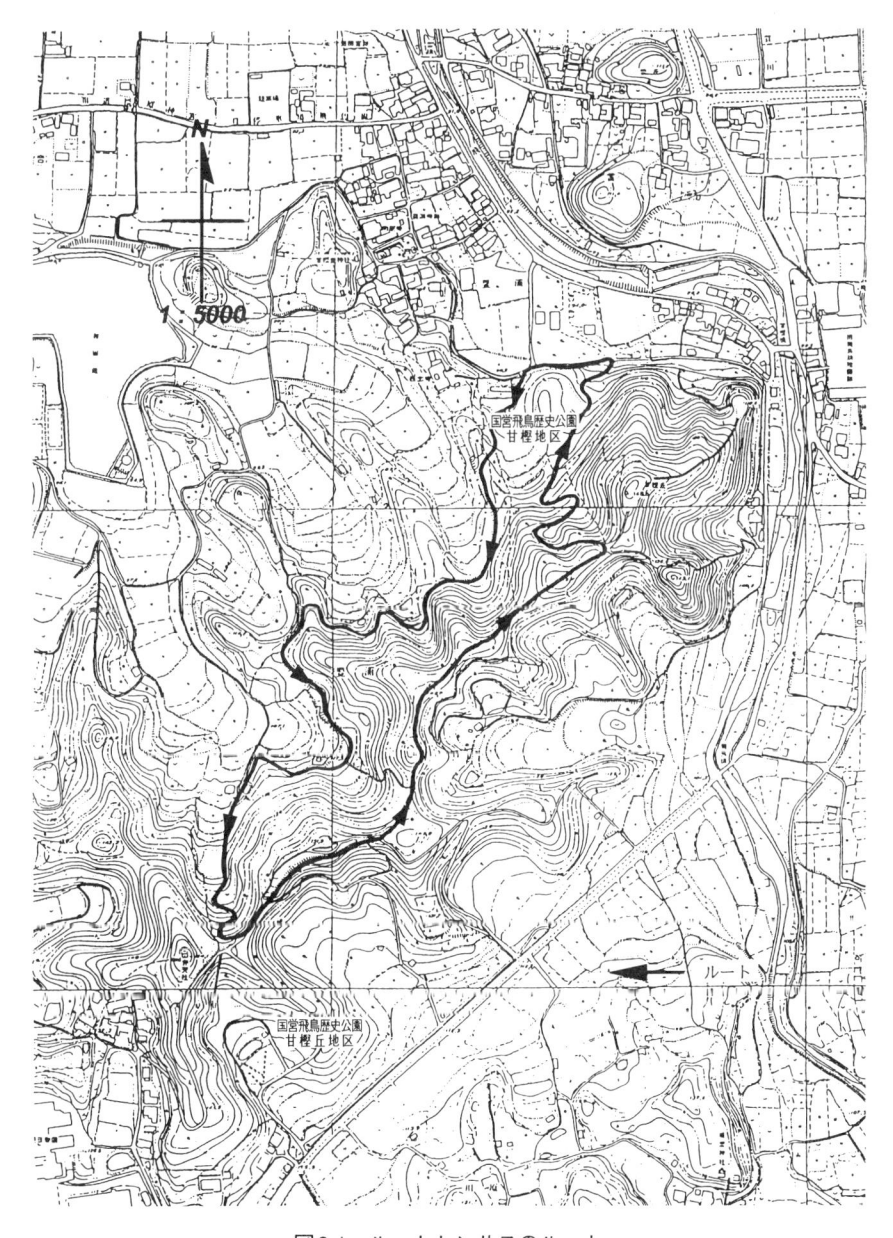

2.2 オオムラサキの定着をめざして

図2-1 ルートセンサスのルート

160本の根元に1～20個体を放虫した。期間は2000年1月～3月であった。放虫後の調査は、成虫のルートセンサスまで行わなかった。

4. 調査結果

(1) 植生について

　現在の植生は、「甘樫丘」という名が示すようなカシの丘ではなく、スギ・ヒノキ林、果樹園、薪炭林として生活に利用されたものを公園植生に活かされ、地区面積の6割が雑木主体の林地で占められ、竹林や果樹園跡は地区面積の3％となっている（図2-2）。特に、カキやスモモの果樹園跡は現在も果実を実らせることから、餌場として多いに期待できる。また、クヌギ・コナラについても樹液が出ている樹木が調査木の中で7割近く確認され、果樹園跡と合わせ期待できるものといえる。

(2) 幼虫の食餌木および産卵場所であるエノキについて

　エノキ自体の生育は、全体的に多少周囲の木に影響されて枝葉が幹の上部についている傾向はあるが、不良なものは特になかった。目通し15～30cmの樹木が全体の55％近くを占めている。これは、公園造成時に植林されたものであり、これより細いエノキもその後の植林による。しかし、目通し30cm以上の木は、以前から甘樫丘に生育していたと考えられる（表2-3）。

　オオムラサキはエノキの葉を餌に利用するばかりでなく、冬期には根元で越冬するため、落ち葉の堆積量も大切な生息要因である。しかし、ほとんど堆積しておらず数cmが地表を覆う程度であった。

　甘樫丘におけるエノキの分布を図2-3に示した。エノキは比較的まとまって生育している。

(3) 成虫の食餌木（クヌギ、コナラなど樹液や果実）について

　クヌギとコナラは合計で2,071本が確認できた。甘樫丘における分布は、遊歩道沿いに集中している（図2-3）。そのため、幹は人為的に傷つけられており生育状況は良好とは言えない。これら人為的に傷ついた木も含めて、68.0％から樹液が出ていることを確認した。目通しでは、エノキ同様15～30cmの樹木が全体の61.2％を占めている（表2-1）。

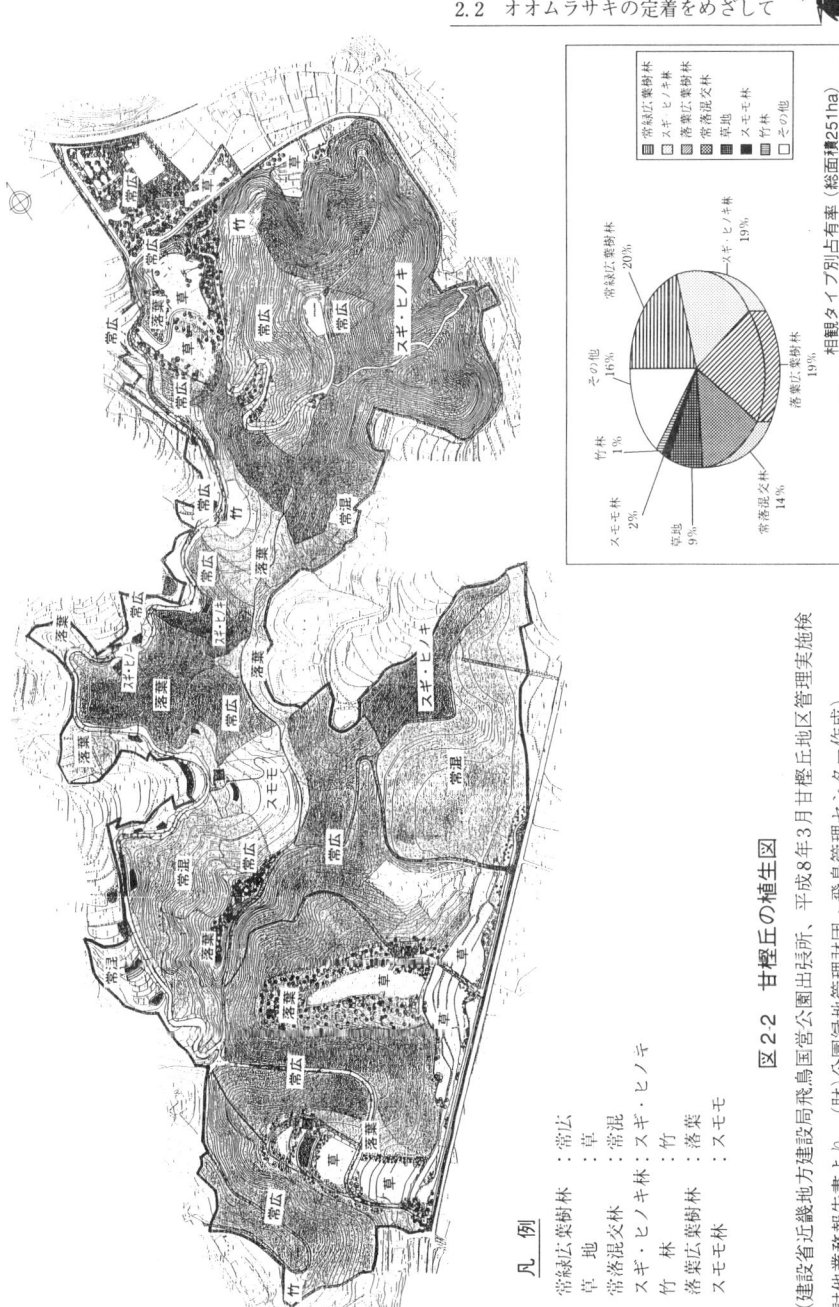

2.2 オオムラサキの定着をめざして

図2.2 甘樫丘の植生図

凡例
- 常緑広葉樹林　：常広
- 草　地　　　　：草
- 常落混交林　　：常混
- スギ・ヒノキ林：スギ・ヒノキ
- 竹　林　　　　：竹
- 落葉広葉樹林　：落葉
- スモモ林　　　：スモモ

(建設省近畿地方建設局国営飛鳥歴史公園出張所、平成8年3月甘樫丘地区管理実施検討他業務報告書より、(財)公園緑地管理財団・飛鳥管理センター作成)

相観タイプ別占有率（総面積251ha）

- 常緑広葉樹林　20%
- スギ・ヒノキ林　19%
- 落葉広葉樹林　19%
- 常落混交林　14%
- 草地　9%
- 竹林　1%
- スモモ林　2%
- その他　16%

第2章 オオムラサキ

表2-3　幼虫・成虫の餌となる樹木の樹高・目通り・樹液表

甘樫の丘周辺の植生調査

	コナラ		クヌギ		エノキ	
樹液率（％）	73.1		65.8			
	高さ(m)	目通り(cm)	高さ(m)	目通り(cm)	高さ(m)	目通り(cm)
平均値	6.8	18.3	8.0	22.5	9.2	24.5
最大値	21	41	25	54	22	66
最小値	1.5	5	1	2	1	3

木の高さ（単位：m）

	コナラ	クヌギ	エノキ
～2未満	27	16	4
2以上～4未満	112	111	19
4以上～6未満	214	262	122
6以上～8未満	146	561	301
8以上～10未満	59	302	230
10以上～12未満	23	109	110
12以上～14未満	16	40	72
14以上	28	45	52
全体本数	625	1,446	910

木の目通り(太さ)（単位：cm）

	コナラ	クヌギ	エノキ
5未満	3	1	10
5以上～10未満	77	70	48
10以上～15未満	158	237	114
15以上～20未満	156	345	174
20以上～25未満	135	327	179
25以上～30未満	74	230	143
30以上～35未満	15	126	97
35以上～40未満	6	59	84
40以上	1	51	61
全体本数	625	1,446	910

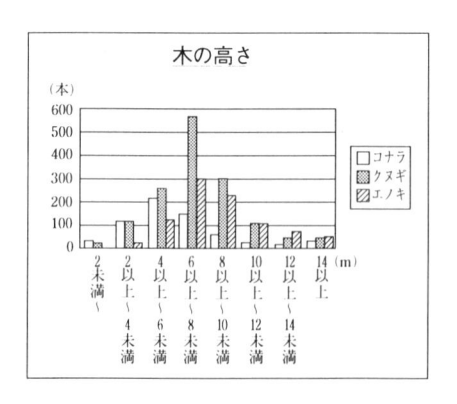

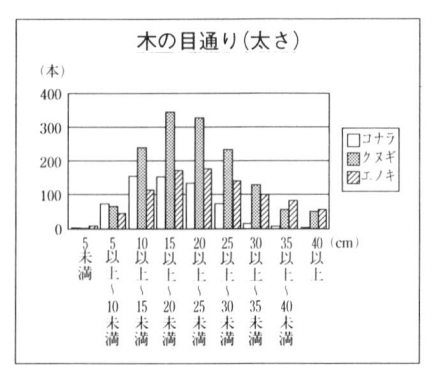

2.2 オオムラサキの定着をめざして

国営飛鳥歴史公園　甘樫丘地区

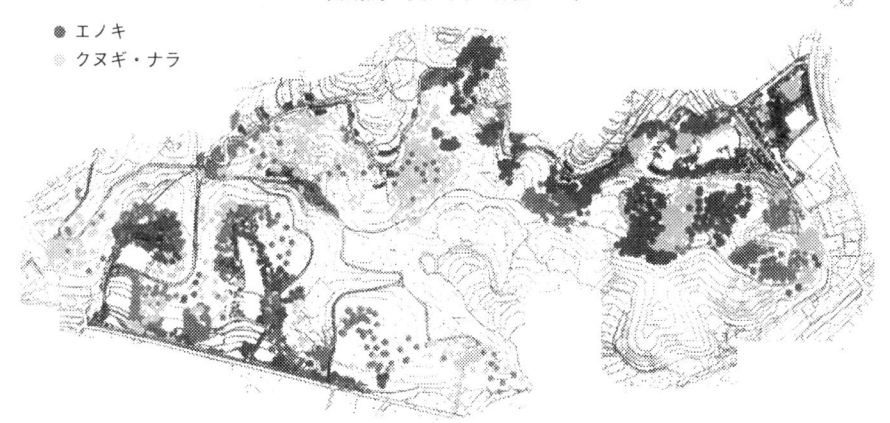

● エノキ
・ クヌギ・ナラ

図2-3　甘樫丘におけるエノキの分布

(4) 鳥類、昆虫について
1) 鳥　　類（図2-4、表2-4）
　地区および周辺では、地形の変化に富むことや飛鳥川が地区の麓を流れることから、猛禽類をはじめとする多くの種が確認された。しかし、オオムラサキにとっては補食者となり得るヒヨドリなども多く見られ、果樹園跡に実る果実がある環境は鳥の往来も著しく、オオムラサキが狙われやすい条件になっている。

2) 昆　　虫（表2-5）
　ミスジチョウやタマムシなどが度々確認されていることから、エノキの本数もそれだけまとまった環境となっているといえる。特に、オオムラサキと同じ生活型であるゴマダラチョウが確認できたことはオオムラサキ誘致に期待が持てる。また、樹液や腐敗した果実に集まるチョウが多く確認され、餌場として豊かな環境であるといえる。

3) その他の動物（表2-6）
　ノウサギは、冬季の調査で毎回のように見かけた。ネズミ・モグラについては死骸を数匹確認した。コウモリは、主として夏季の夕方5〜6の群で飛び交うのを観察した。チョウセンイタチは、遊歩道を横断する姿を2回見ただけであった。ヘビ類やトカゲ類は夏季の観察において何度か見かけた。両生類についても同様である。カスミサンショウウオは、聞き取り調査により確認した。

49

第2章 オオムラサキ

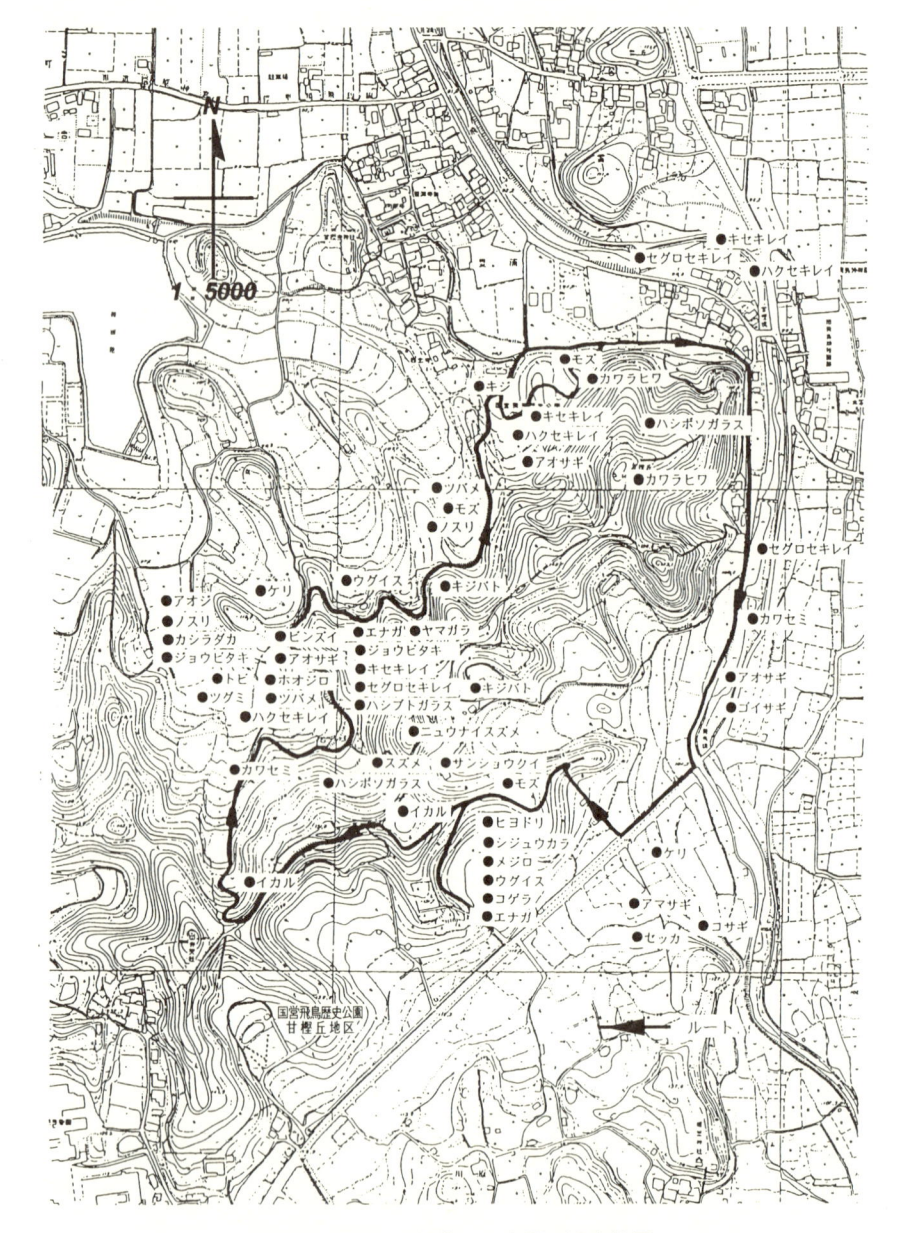

図2-4 甘樫丘で観察した鳥類の観察位置

2.2 オオムラサキの定着をめざして

表2-4 甘樫丘で観察できる鳥類

番号	鳥　名
1	ヒヨドリ
2	トビ
3	ホオジロ
4	カシラダカ
5	アオジ
6	シジュウカラ
7	カワラヒワ
8	メジロ
9	ウグイス
10	サンショウクイ
11	キジ
12	コゲラ
13	ツバメ
14	ハシボソガラス
15	ハシブトガラス
16	キジバト
17	スズメ
18	ニュウナイスズメ
19	コサギ
20	アオサギ
21	エナガ
22	ホトトギス
23	イカル
24	カワセミ
25	セグロセキレイ
26	キセキレイ
27	ハクセキレイ
28	セッカ
29	ヤマガラ
30	ビンズイ
31	ジョウビタキ
32	キジ
33	ノスリ
34	ケリ
35	ノゾミ
36	ゴイサギ
37	アマサギ

表2-5 甘樫丘で観察できる昆虫

	●トンボの仲間		●チョウの仲間
1	アキアカネ	37	シジミチョウ sp.
2	ウスバキトンボ	38	ジャノメチョウ sp.
3	シオカラトンボ	39	ミスジチョウ
4	コシアキトンボ	40	アオスジアゲハ
5	ギンヤンマ	41	アゲハ（ナミアゲハ）
6	オニヤンマ	42	クロアゲハ
7	イトトンボ sp.	43	カラスアゲハ
8	ハラビロトンボ	44	キアゲハ
9	ハグロトンボ	45	ヒョウモンチョウ sp.
10	オオシオカラ	46	キチョウ
11	チョウトンボ	47	モンシロチョウ
	●セミ・バッタの仲間	48	ナガサキアゲハ
8	クマゼミ	49	モンキチョウ
9	アブラゼミ	50	ゴマダラチョウ
10	ツクツクボウシ	51	ベニシジミ
11	ニイニイゼミ	52	イチモンジセセリ
12	シグラシ	53	ツマグロチョウモンチョウ
13	バッタ sp.	54	ウラギンヒョウモンチョウ
14	イナゴ	55	ミドリヒョウモンチョウ
15	ショウリョウバッタ		●ガの仲間
16	エダナナフシ	56	キイロスズメ
17	オオカマキリ	57	ウスタビガ
18	チョウセンカマキリ	58	ヤママユガ
19	ハラビロカマキリ	59	ガ sp.
20	トノサマバッタ		●甲虫類
	●コオロギの仲間	60	カナブン
21	キリギリス	61	カブトムシ
22	ウマオイムシ	62	タマムシ
23	エンマコオロギ	63	シロテンハナムグリ
24	ツヅレサセコオロギ	64	シロホシハナムグリ
25	クツワムシ	65	ハナムグリ
26	カヤキリギリス	66	カミキリムシ sp.
27	ササキリギリス	67	シロスジカミキリムシ
28	クビキリギリス	68	マメコガネ
	●ハナ・アブの仲間	69	コクワガタ
29	シオヤアブ	70	コガネムシ
30	オオスズメバチ	71	ゴマダラカミキリ
31	アシナガバチ sp.	72	オサムシ
32	ベッコウバチ	73	ヘイケボタル
33	オオカバフスジドロバチ	74	ノコギリクワガタ
34	ムシヒキアブ sp.	75	カブトムシ
35	ウシアブ		
36	アブ sp.		

51

第2章　オオムラサキ

表2-6　甘樫丘に生息するその他の動物

番号	種　　　　名		
	哺乳動物	爬虫類	両生類
1	チョウセンイタチ	シマヘビ	トノサマガエル
2	ウサギ	アオダイショウ	ヒキガエル
3	ネズミ	マムシ	アマガエル
4	モグラ	ヤマカガシ	ツチガエル
5	アブラコオモリ	カナヘビ	カスミサンショウウオ
6		トカゲsp.	

5．考　察

　今回の調査ではオオムラサキの成虫・幼虫とも確認はできなかった。単にエノキが多いことや餌場があるだけでは、生息環境として成り立たず、生息できる環境とするためには、まずは幼虫が安全で快適な環境で育ち、越冬できる林床を管理することが必要といえる。山梨県北巨摩郡長坂町は、オオムラサキの生息地として良く知られている。ここにある長坂町オオムラサキセンターでは、オオムラサキについての生息状況、生態や生息環境につての調査研究が行われている。もともとこの地方は、クヌギが多く目通し50cm以上のクヌギ林が多数存在する(写真2-11)。安定した生息環境を背景に、オオムラサキは定着し繁殖している。この様な環境においてもオオムラサキの生存率は、1～3％であるという(跡部治賢・長坂町オオムラサキセンター館長補佐談)。

　甘樫丘では園路沿いや広場にクヌギやエノキが生育しており、人が危害を加えたり、落ち葉を掃くなどの人為的影響をたいへん受けやすく、生息環境としては成り立ちにくい。一般には、谷すじの湿潤な地に生える大木が好まれるといわれ、しかも根元は落ち葉が厚く堆積しているところが望ましいといわれる。実際長坂町の生息地では、一面にエノキの落ち葉が5cm以上堆積していた。今回の調査では、園路沿い以外の林内のエノキでも厚さ数cm以上に落ち葉が堆積しているところはなく、幼虫を確認することもできなった。このように、越冬できる環境が整っていないことは、生息に大きく影響すると思われる。

　樹液の出ている樹木が多いのは、カブトムシやクワガタムシを採集する人たちによって木々が傷つけられているためである。この様に人が近づき、たやすく環境がおびやかされる可能性があるので、サンクチュアリーを設け保護するのも手段の一

2.2 オオムラサキの定着をめざして

写真2-11 オオムラサキの自然繁殖地山梨県長坂町のクヌギ

つである。また、果実については前述のとおり餌場として現状を維持していけば有効と考えられる。

　甘樫丘は、今回の調査結果が示すように多くの種が生息しており、動物にとって豊かな環境であるといえる。野鳥も多いことから、オオムラサキが捕食されている可能性もある。しかし、オオムラサキと同様な食性であるゴマダラチョウや他の昆虫も生息しており、オオムラサキだけが野鳥のターゲットとなるとは考えにくい。やはり定着を阻害する環境としては、森全体が安定していないことが指摘できる。というのは、水場の不足と下草刈りによる枯れ草や落ち葉の必要以上の撤去作業が越冬幼虫の生息環境に影響を与えていると思われる。もちろん、オオムラサキ定着のために配慮した管理基準（(財)公園緑地管理財団、1999）も作成されている。

　前節で記述されるように、人工飼育では大量で、安定した個体数を累代飼育できるが、自然個体群のように安定した周年発生をすることがない。それは、エノキおよびその他の落葉性広葉樹の落葉層の確保が難しいからだ。落葉層は越冬時期における適度の保湿効果、急激な気温変化、大雨、強風などの物理的影響からの緩衝材として働く。さらに、天敵からの隠蔽・保護効果としても働くとも考えられる。

多様な植物相の確保・維持は、多様な昆虫相、動物相を保護する。このことは、越冬後の生存率に最も影響を与え、鳥類の捕食対象としてオオムラサキを除外してくれる。

 成虫個体の餌である天然樹液を分泌するクヌギ・コナラなどの雑木林の存在がなければ、自然個体群で自然繁殖は不可能である。

 以上のことより、エノキの保護、樹液の出る樹木の確保、オオムラサキの大量に飼育するなどの個別の条件をクリアするだけでは、オオムラサキを自然の中に復活させることはできない。適度の湿度、落葉層確保のための植物相や水系の存在、それによって動物相を多様で、豊かにすることで、オオムラサキの捕食性天敵である鳥類の餌としてオオムラサキ以外のレパートリーを増やすなど、生態系の総合的、全体的な生物相の多様性を増大・維持するような必要がある。

参 考 文 献

㈶公園緑地管理財団（1999）：国営飛鳥公園管理の概要

第3章

飛鳥川の河川環境

3.1 飛鳥川の水辺づくり

1. 全国的な河川整備の展開

従来の河川整備は、国民の生命、財産を守るという観点から、洪水時に安全に早く多くの水を流すことを目的としていたことから、画一的なコンクリート護岸で整備されているところが大半を占めていた。

しかし、近年の都市化の進展に伴い、貴重な空間として河川の重要性が見直され、住民の意識もうるおいやゆとり空間を求める方向へと変化してきており、自らが住む空間において、良好な生活環境の創造を求めるようになってきている。

また、河川には、様々な生物が生息・生育し、多様な環境が形成されている。これらの環境は、瀬や淵などに見られる流速や水深の変化、砂や礫などの川を構成する様々な河床材料、流水部から高水敷までの変化のある地形、洪水による生物の生

平成9年 河川法改正

"（目的）「第一条　この法律は、河川について、洪水、高潮等による災害の発生が防止され、河川が適正に利用され、流水の正常な機能が維持され、**及び河川環境の整備と保全がされる**ようにこれを総合的に管理することにより、国土の保全と開発に寄与し、もつて公共の安全を保持し、かつ、公共の福祉を増進することを目的とする。」"（河川法条文より抜粋）

河川環境の整備と保全

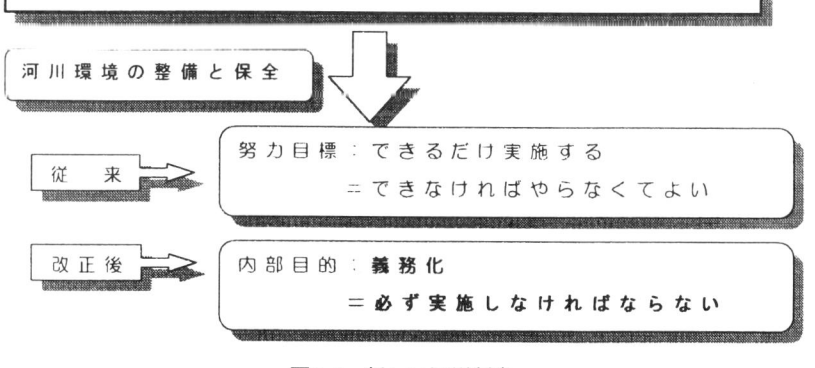

従来 → 努力目標：できるだけ実施する
　　　　　　＝できなければやらなくてよい

改正後 → 内部目的：**義務化**
　　　　　　＝必ず実施しなければならない

図3-1　新しい河川制度

第3章　飛鳥川の河川環境

治水機能（特に洪水の排除）にのみ重点が置かれた画一的なコンクリート護岸の川（生き物は棲めない）

治水・利水・環境のバランスがとれた親しみのある川

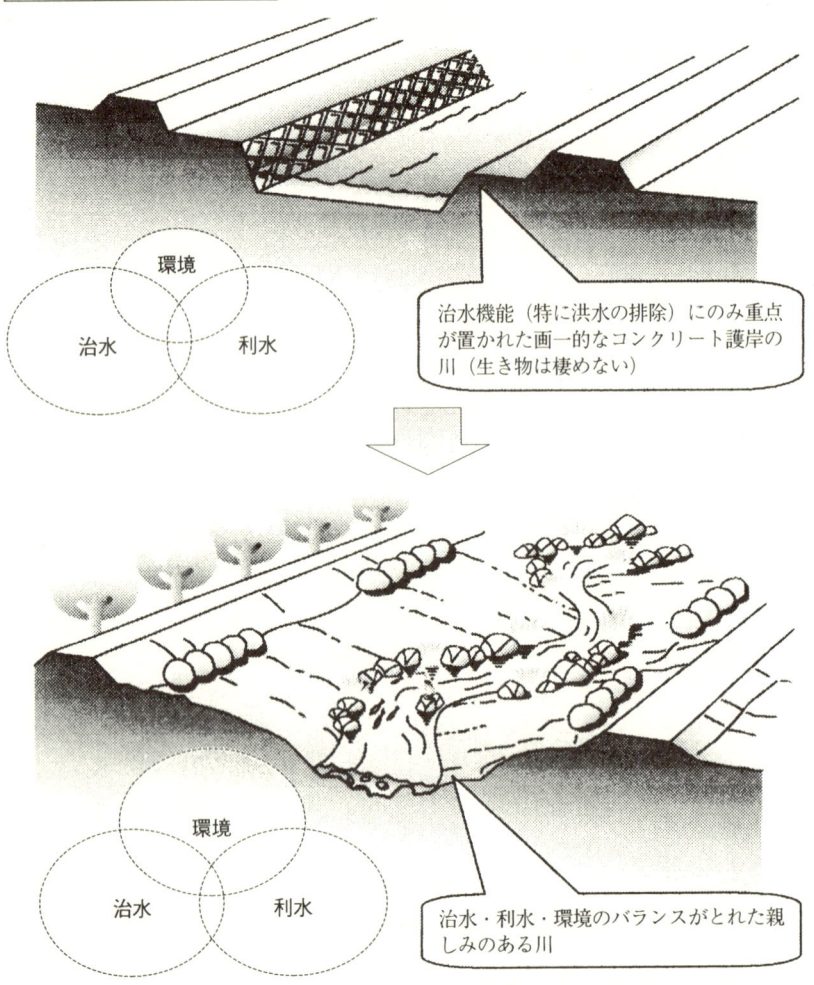

図3-2　治水機能中心から治水・利水・環境のバランスがとれた河川へ

息・生育環境の破壊と再生の繰り返しなど、河川特有の条件の下に形成されている。
　このような背景のもと、治水上の安全性を確保しつつ、多様な河川の環境を保全し、また、改変しないようにするものとして、近年「多自然型川づくり」で河川整備が進められ、さらに平成9年の河川法の改正による河川整備の3本柱、「治水」、「利水」、「環境」を確立し、従来の河川整備が見直されている（図3-1、図3-2）（奈良県、2000）。

58

3.1 飛鳥川の水辺づくり

2. 奈良県での河川整備の方向性

　これまで奈良県における河川整備では、奈良の河川の個性を活かし、地域特性に応じた整備を進めるため、平成5年度に「やすらぎとロマンの水辺景観整備計画」(奈良県、1995)を策定し、「歴史景観を伝え活かす水辺づくり」、「豊かで魅力ある自然特性を守り活かす水辺づくり」、「人々が集いにぎわう水辺づくり」および「地域のシンボルとなるいきいきした水辺づくり」の四つの基本方針により整備が行われている。

　このような方針のもと、生態系に配慮した多自然型川づくりの取り組みを各地で展開しているところである(写真3-1、写真3-2、図3-3、図3-4)。

写真3-1　北葛城郡河合町長楽を流れる一級河川・高田川

葛城山脈を水源とし、北葛城郡新庄町、大和高田市、北葛城郡広陵町、河合町といった市街地を北上し大和川へと流入する。

第3章　飛鳥川の河川環境

写真3-2　橿原市東竹田町を流れる一級河川・寺川
奈良盆地の南東部に位置する竜門岳にその源を発し、桜井市の市街地および橿原市、田原本町、三宅町、川西町を流下し大和川に合流する。

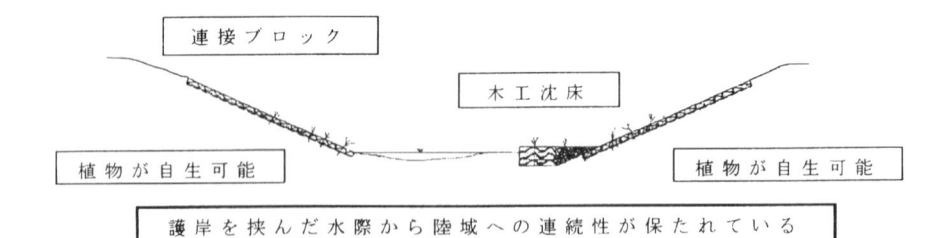

図3-3　河川整備の基本的概念-(1)（奈良県、1995）

ここで工夫した点は、水際への配慮として、木工沈床工法(上図参照、木の枠を組みその空間に栗石を詰めた伝統的工法)、連接ブロック(従来のブロックと異なり、連接ブロックではブロックを金属の金具でつなぎ空間をつくる工法)を採用しており、空洞部から川と陸域を連続させて、元の状態へと回復し、魚類や植物が自然に元の状態へと導いていくようにした。

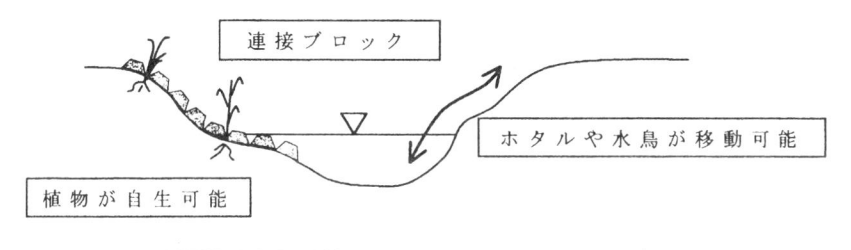

3.1 飛鳥川の水辺づくり

図3-4 河川整備の基本的概念-(2)（奈良県、1995）

従来の河川整備では、コンクリートの護岸で池水上の安全面から下流へ一気に水を流すだけの機能であったが、川自身がもとの生態系に復元できるよう連接ブロックを採用している。

3. 飛鳥川の現状(池田源太、1990；池田末則、1990；吉村・堀内、1964；渡会、1971)

　前節では奈良県内の河川整備の状況と生態系に配慮した河川の事例を紹介したが、本題の飛鳥川について述べることにする。

　飛鳥川は一級河川大和川水系の1次支川で、流域面積約43 km^2、流路延長約24 kmの一級河川である(図3-5)。その源は、奈良県高市郡明日香村と同吉野郡吉野町の境に位置する竜在峠(標高753 m)に発し、石舞台古墳の近くで右支川の冬野川と合流した後低地部に出る。その後、橿原市市街地を貫流し、途中中の橋川、屋就川、鳥米川、新川といった小支川を集めながら、北流を続けて大和川に合流する。

　明日香村域を流れる飛鳥川は、東部の山地(冬野地区)を源とする最上流に属し、万葉集で数多くうたわれている飛鳥川(明日香川)に相当する区間である。明日香村を出た飛鳥川は橿原市～二宅町～川西町を経て大和川に合流する。明日香村の飛鳥川は、大和川に至る下流地区に比べて川幅は狭く5～15 m程度、また、流路も下流地区の直線化した線形の河川に対し、地形に沿って蛇行した河川である。

　明日香村での大きな特徴は、下流地区のコンクリートブロック護岸による人工的な形態に対し、護岸、落差堰などに自然石が使われており自然になじんだ形態となっていて、全域が掘込河道である。

　上流部の河床勾配は約1/300～1/30で、飛鳥川が灌漑に広く利用されていることもあり固定堰が数多く見られる。また、明日香村役場近くの高市橋付近からさらに上流では自然の岩が数多く見られ、稲渕の棚田付近に見られる緩流の区間を除いて

61

第3章 飛鳥川の河川環境

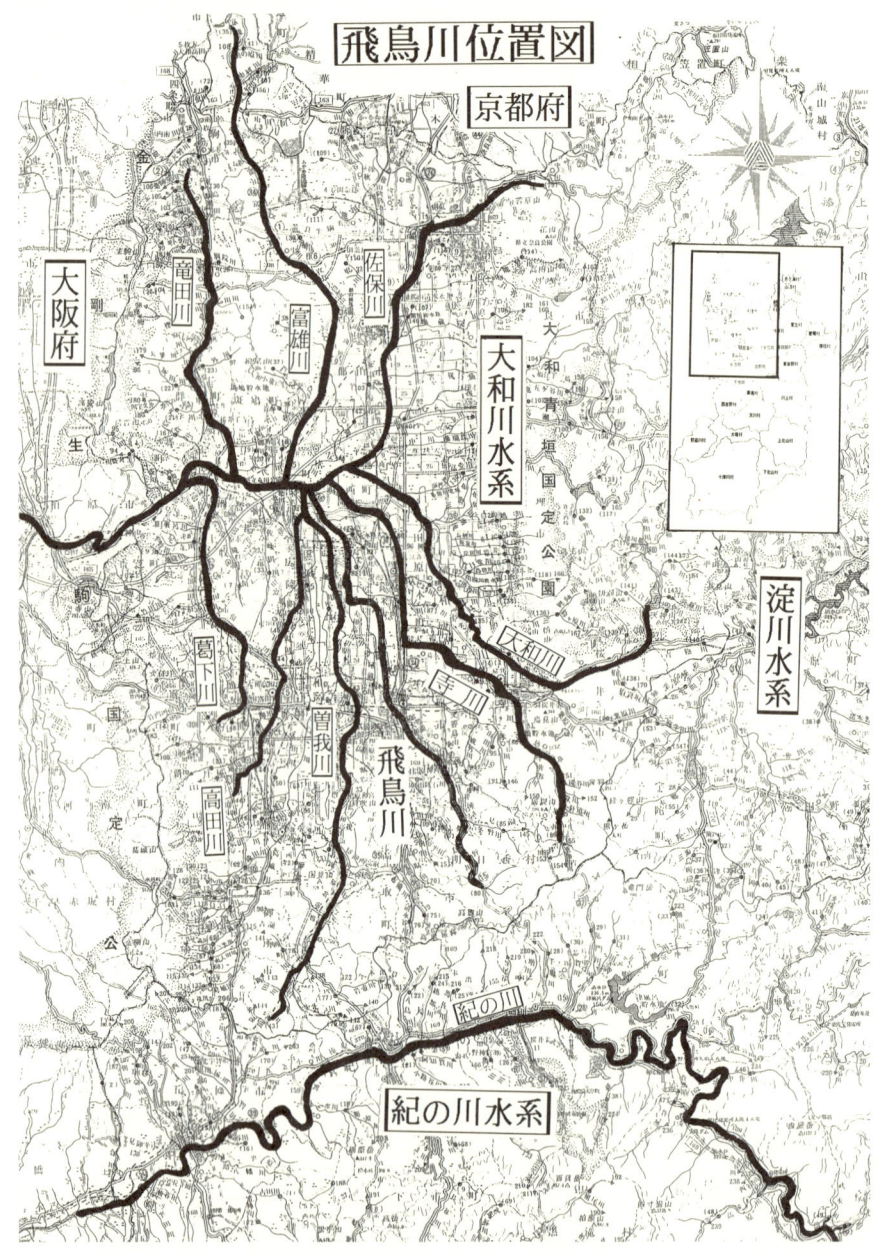

図3-5 奈良盆地を流れる大和川水系

3.1 飛鳥川の水辺づくり

写真3-3 棚田風景の中を流れる飛鳥川 (明日香村稲渕)

は全区間に渡って急勾配であり、瀬・淵が連続し多様な変化を呈している(写真3-3)。
　飛鳥川の自然環境の様相は、冬野川合流点より上流と下流で大きく変わっている。
　下流(村界)～冬野川合流点(玉藻橋)までの区間は河床勾配がゆるく、護岸整備が進められている区間で瀬や淵を形成しながらゆっくりと流れている。万葉集でうたわれた「七瀬の淀」「玉藻」はこの区間といわれている。
　また、冬野川合流点～上流端は河床勾配がきつく、所々に小滝(落差工)を形成している。栢森に近い宇須多岐比売命神社付近には、壷とよばれる河床部が巨石で構成された自然景観のすばらしい所もある。周辺は丘陵地(棚田、森林)であり、山地河川の様相を呈している。川幅はせまく、住宅、道路等を主体に護岸整備がなされているが、天然河岸の所も多い。
　流路は、万葉集でうたわれた地形状況からみて今と同じところを流れていたものと思われる。万葉集では、吉野川とともに河川名としては数多く出てきており、大きな川のイメージを持つが、現在の川幅と大差はなかったと思われる。
　河川に関わる構造物は、飛鳥時代の遺跡等をみると、水を引きこんだ庭園の地や

第3章 飛鳥川の河川環境

写真3-4 万葉集に詠われる石橋（明日香村稲渕）

排水路等、石を敷いて構築されており、飛鳥川においても水制部、落差工、堰などにおいては石、木、竹等が用いられたと思われる。現在飛鳥川においては、護岸などは石積が主体であり自然素材も見られるが、井堰など一部コンクリートも見られる（写真3-4）。

4. 飛鳥川の整備方針と河川整備の状況

　以上のような飛鳥川の歴史的、また自然的背景から現状の河川を整備再生する必要がある場所と、そのまま保全していく場所とにゾーニングし、各ゾーンで再生、回復、保全といった観点から、平成7年度に飛鳥川歴史河川再生計画を策定し、次のように整備方針をまとめている（奈良県、1997）。

テーマ：『飛鳥人に出会える川』
　生物への配慮を基調としつつ、飛鳥の歴史的香りを五感で感じることのできる川づくりをめざす。
① 玉藻に触れる

生物への配慮を基調とし、護岸の緩傾斜化などの親水型護岸への改修を進め、触って感じられる飛鳥川を目指す。

② 悠久の歴史を見る

目に潤いのある水面をつくるため低々水路を創造するとともに、既存の堰の修景、護岸の改善を図るなど、周辺の歴史環境および生物環境に十分配慮した飛鳥川を目指す。

③ 水落を聞く

散歩道を歩きながら聞こえる川音づくりのため石橋をわたし、しがらみをイメージした落差工を設置し、さらに瀬・淵の復活による瀬音の創造など川の自然を感じることのできる空間を目指す。

④ 神奈備の水を味わう

住民の水質保全の意識の高揚に資する飛鳥川を目指す。

⑤ 万葉の草花が香る

川周辺に万葉植物の植栽を施すなど、万葉の香りあふれる川づくりを目指す。また、野山を流れて来た水の匂いも大切にしていく。

このような整備方針に基づいて各地区別にテーマを持ち整備を行っている。

◇豊浦・雷地区

〔再生：積極的に魅力ある河川空間を形成する〕

当地区は歴史性豊かなゾーンであると共に民家も河川沿いに多く、生活空間の中であることから、地元の人と観光客が交流できる観光拠点としての整備をはかる。また、古代飛鳥へ思いをめぐらす探索旅行の入口としてふさわしいものとし、旅行者がさわやかな飛鳥川のほとりに出て、ほっと一息つく休憩所としての利用をはかるため川辺には休憩施設を設け、ゆっくりと眺めて心地良いように河川内の景観阻害要素は丁寧に改善をする。

- 違和感を与える左岸側の護岸については、周辺と馴染んだものとする。また、白さの目立つ右岸護岸の天端は、自転車道整備とともに改善を図るものとする（写真3-5）。
- 落差工の直線的な形状を和らげる工夫をする。

◇甘樫地区

〔再生：積極的に魅力ある河川空間を形成する〕

当ゾーンの潜在的な特性を活かすために景観阻害要素の改善に努め、護岸は植

第3章　飛鳥川の河川環境

写真3-5　飛鳥川（明日香村雷）

平常の水量が少なく真っ平らな川では味気ないということと、昔の原風景の中にみる澪筋の復元、また、低水路部の足下には、地域の色合いの石を多孔質構造となるよう空石積み構造で配置し生態系に配慮しつつ、訪れた人に川に近づけるよう工夫したところである。対岸は自転車道ともなる。

物による被覆をはじめ、デザインの再検討を行いイメージの改善を図っていく。水落遺跡付近では、水落遺跡と一体となった親水空間の創出を図ることとする。

　また当ゾーンは歴史性の濃いゾーンであることから、史実、伝記にもとづいた由来のはっきりしたモニュメントの設置等、意味のある整備（スポット的なもの）を図ることとし、さらに、歴史性を有する豊浦井堰、木の葉井堰が周辺と馴染むように修景整備を行う（写真3-6）。
- 史実をヒントにした男女石人像、須弥山石の噴水の設置。
- 景観を阻害する張り出し歩道の改善に努めるものとする。

　落差工周辺の部分であるが、従来の河川整備を行うとややもすれば治水を重視するあまり、直線的な構造になるとともに、もとの生態系をも潰しかねないものとなるが、治水上必要な構造を保ちつつ飛鳥川のイメージ（写真3-7）をもたせた整備に努めている。甘樫丘の落差工から約200ｍ上流では、周辺状況との調和および飛鳥を訪れた人にゆったりと甘樫丘を借景とし川を楽しめるようステージ的に階

3.1 飛鳥川の水辺づくり

写真3-6(a) 飛鳥川(明日香村雷の落差工)着工前

写真3-6(b) 飛鳥川(明日香村雷の落差工)着工後

第3章 飛鳥川の河川環境

写真3-7 飛鳥川上流部の落差工（明日香村稲渕）

写真3-8 上流部(写真3-7)の面影を持ちつつ甘樫丘を対岸に望む
ステージとなっている（明日香村甘樫丘付近）

段を幅広くつくった(写真3-8)。

5. 飛鳥川の川づくりの整備と今後の課題

飛鳥川の整備は、他の河川のように試行錯誤を繰り返しながら、成功に導いていくということがなかなかできない河川といえる。なぜなら、飛鳥川は"日本の心のふるさとの川"として、訪れる人々に感激と満足を与える川であることが求められる一方、地域住民にとっては、自分たちに身近な馴染み深い里川として、ともに暮らしを営んでいく良き伴侶であるからである。

こうした背景のもと、川を整備するにあたり次のように考えている。

従来までのコンクリート護岸を立ち上げるような整備から、河岸をなるべく緩傾斜とさせるなど親水性を高め、訪れた人を川に近づけ、川から飛鳥をみて、また飛鳥に来てみたいという感想を抱かせる。

草木が自然に回復することができるようにするなど生態性にも配慮する。

このような効果を備えるためには、人手による恒久的な維持作業が必要となる。

コンクリート護岸は、景観的にも自然性にも劣る反面、堅牢で長期にわたり手を加える必要はないが、このように景観に配慮し、自然性を高めた近自然的な改善をするに伴い、人の手による細かな管理の必要が生じてくる。整備後に手入れをしなければ、草木の乱雑な繁茂や流れ着いて引っかかるゴミが目立ち、荒れた感がでてくることが予想される。また植物の自然生育によって、河川へのアクセスの障害が起きることも予想される。こうしたことから、川もりが是非とも行われることが望まれる。

昔は集落ごとに定期的に行われていた川もりの住民活動が、現在のように川離れをし、川を通じた人々のむすびつきが薄れてきたなかで、どのように人々に理解が得られるかが最大の課題となる。言い換えると、最終的な成果は川もりへの住民参加が恒常的になされるようになっていくかにかかっているといえる。飛鳥川を必要と感じ、愛しながら手入れをすることができるよう、川もりが必要になった理由とそのメリットが広く納得されていく必要があるといえる。

6. 河川整備の課題と今後の展望

生態系に配慮した川づくり、いわゆる「多自然型川づくり」が始まり今年で10年を迎える。その間、試行錯誤の中で川づくりは行われてきたように思われる。まだ

まだ我々には自然のなせる未知の部分が多数存在しており、当分の間はこの作業が続くであろう。

そもそも、川づくりについて成功する秘訣は河川を整備する側の独りよがりにならないことであり、地域の人に愛され川もり（維持管理）をしてもらえるかである。

現在まで、様々な手法により多自然型川づくりに取り組んでいるところであるが、その一例をここで紹介しておくこととする。

それは、地域が主体となって川を育んでいく「地域が育む川づくり」と命名した事業である。この事業は、平成10年度より展開している事業で、河川をフィールドとして河川清掃等、河川愛護活動やアメニティー活動を積極的に展開されている河川に対する地元の熱意の高い箇所において、地域住民や愛護団体の方々との懇談を通じ、地域の方々が望む、地域の方々の意見を反映した川づくりを実施し、その後の日常的な維持管理は地域の方々にお願いしようという、計画策定から整備後の維持管理まで地域が主体となって行う事業である。

これは、我々が平成2年から様々な形で多自然型川づくりを実施しているが、ほとんどがつくる側の独りよがりで、川もりがされていないことの反省から考案した事業である。

現在、この事業展開により実施している河川は、高田川、秋篠川、高取川他である。今後も種々試行錯誤しながら、自然のなせる未知の部分に立ち向かっていきたいと考えている。

最後に、河川の整備にあたって決して忘れてはならないのは、川およびそこにすむ生物が主役であり、我々は脇役であり、黒子に徹しなければならないということではないだろうか。

参 考 文 献

奈良県：やすらぎとロマンの水辺景観整備計画（平成5年度策定）
奈良県：飛鳥川歴史河川再生計画（平成7年度策定）
明日香村（1975）：「明日香村史　上・中・下巻」
飛鳥民族調査会（1987）：「飛鳥の民族」、（財）観光資源保護財団
建設省近畿地方建設局飛鳥国営公園出張所（1992）：「飛鳥に学ぶ－歴史が語るもの－」
桜井　満・並木宏衛（1989）：「飛鳥の祭りと伝承」古典と民俗学叢書
菅谷文則・竹田正則（1994）：「日本の古代遺跡　7　奈良明日香」、保育社
千坂　長（1985）：「飛鳥・その青い丘」、明石書店
寺尾　勇（1993）：「飛鳥歴史散歩」、創元社

徳永隆平（1972）：「永遠の飛鳥川」、日本交通公社
池田源太（1975）：「大和文化財散歩」、学生社
池田末則（1990）：「飛鳥地名紀行」、ファラオ企画
吉村正一郎・堀内民一（1964）：「飛鳥の道」、淡交社
渡会恵介（1971）：「歴史の旅　大和」、秋田書店

3.2 飛鳥川の生物

1. 日本の心のふるさとの川

　よく知られているとおり、飛鳥川の流域には遺跡や伝承地が多く、1400年以上も前から開発が進んだ地域である。栢森(かやのもり)から稲渕までの約2.5kmの間に造られた11カ所の落差工は、そのほとんどが流域の棚田に水を入れるための井堰であり、飛鳥川の上流では、今も人々の暮らしの中に川が生き続けている。奈良県はこの川の水を「やまとの水」(写真3-9)の一つに指定し、明日香村ではここにすむゲンジボタルを村指定の天然記念物に指定している。

　一方、甘樫丘地区では「日本の心のふるさとの川」と位置づけられた飛鳥川が、近自然工法によって整備されている。この工法では河岸を緩斜面にし、人と川とがふれ合いやすい設計とし、草木も繁茂するようにしている。これほど飛鳥川が人々に注目されたことは、環境問題に対する関心の高まりと無関係ではないと思われる。

写真3-9　奈良県は飛鳥川の水を「やまとの水」に指定している（明日香村稲渕）

3.2 飛鳥川の生物

飛鳥川は自然災害や人々の生活とかかわって人手が加えられ、幾度となくその姿を変えてきたと思われる。今後も「飛鳥川歴史河川再生計画」の実施によって大きく変化するであろう。ここでは飛鳥川に暮らす水生生物や川岸の植物を紹介し、飛鳥川の姿を記録にとどめておくことにした。

この調査は、明日香村に育った5名の中学生（荻野貴司・尾田　健・岸下裕亮・宮本直哉・山口太郎）によって行われた。彼らは学校の郷土自然クラブに所属し、明日香の自然には特別の関心をもっていた。魚とたわむれトンボを追った飛鳥川は彼らの庭のようなものである。1998年夏から2000年秋まで約2年間にわたって継続的に行われたこの調査では、水生動物や植物から水質を判定し、それをCODなどの化学的な手法で検証した。飛鳥川の生物を調査したデータとしては、おそらく今までにない綿密なものである。ここでは、彼らの調査資料をもとに筆者が若干の補足を行い、飛鳥川の現状を報告し人間と河川のよりよい関係について考察を行うことにする。

2. 飛鳥川にすむ水生動物

(1) 水生動物とは

河川の水質に対して人々の関心が高まり、COD、BODなどとともに、川にすむ生物から水質を判定する方法が広く知られるようになった。そして、それまではあまり顧みる人のなかった小さな水生動物が指標種として取り上げられ、水質調査のテキストブックなどに載っている。

河川には魚類をはじめ、貝の仲間(軟体動物)、ミミズやヒル(環形動物)、ウズムシ(扁形動物)のほか、エビやカニ(甲殻類)に代表される節足動物など、多くの仲間が生息している。そのうち種類数、個体数ともに最も多いのが昆虫類である。よく知られているものにトンボの幼虫（やご）やゲンゴロウ、タイコウチ、ミズカマキリなどがあるが、それらは池や水田に多く、河川ではカゲロウ、トビケラ、カワゲラの三つの仲間が圧倒的な割合を占めている(表3-1)。

しかし、その詳しい生態については、一部の研究者以外にはあまり知られていない。ホタルがそうであるように、多くの水生昆虫は幼虫時代を水中で過ごし、成虫になると陸上へ出ていく。からだが小さいこと、成虫の寿命が非常に短いことや、羽があっても川の近くからあまり離れないことなどもあって、その姿を目にする機会は少ない。昆虫図鑑などを見ても、これらの水生昆虫が大きく扱われていること

第3章　飛鳥川の河川環境

表3-1　飛鳥川における底生動物の季節変化

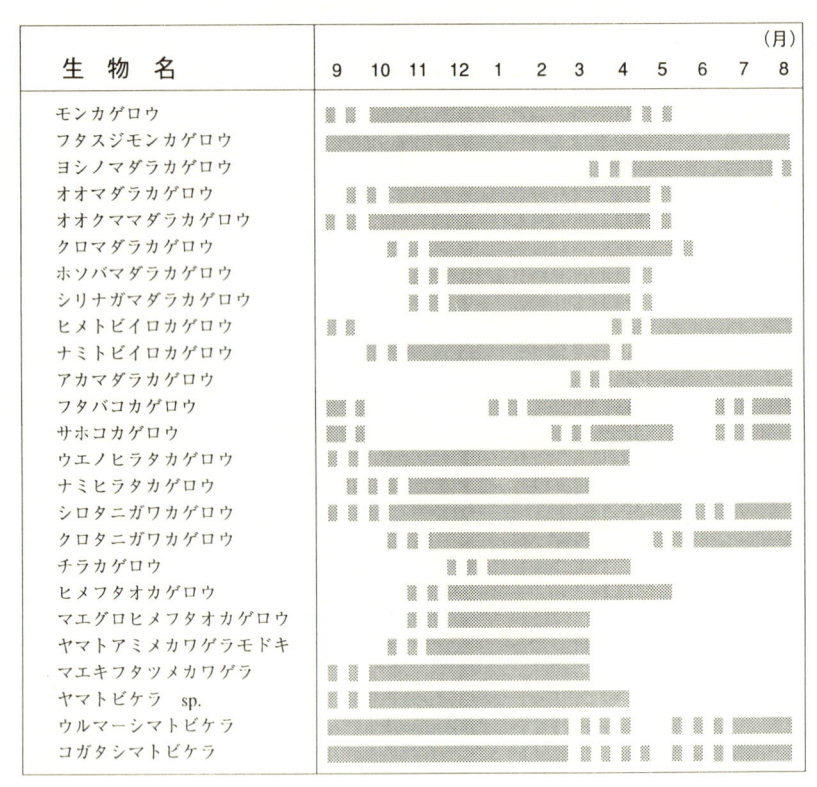

生　物　名	9	10	11	12	1	2	3	4	5	6	7	8 (月)
モンカゲロウ												
フタスジモンカゲロウ												
ヨシノマダラカゲロウ												
オオマダラカゲロウ												
オオクママダラカゲロウ												
クロマダラカゲロウ												
ホソバマダラカゲロウ												
シリナガマダラカゲロウ												
ヒメトビイロカゲロウ												
ナミトビイロカゲロウ												
アカマダラカゲロウ												
フタバコカゲロウ												
サホコカゲロウ												
ウエノヒラタカゲロウ												
ナミヒラタカゲロウ												
シロタニガワカゲロウ												
クロタニガワカゲロウ												
チラカゲロウ												
ヒメフタオカゲロウ												
マエグロヒメフタオカゲロウ												
ヤマトアミメカワゲラモドキ												
マエキフタツメカワゲラ												
ヤマトビケラ sp.												
ウルマーシマトビケラ												
コガタシマトビケラ												

　　　　　　　　　　　　　　　多く見られる
　　　　　　　　　　　　　　　見られるが少ない

はなく、一般には非常にマイナーな存在の昆虫である。しかし、淡水生物について述べようとするとき、これらの生物を紹介せずにはいられないので、はじめに簡単に紹介しておきたい。

1）カゲロウ

　カゲロウの仲間は種類、個体数ともに多く、水生昆虫の代表といえる。「カゲロウのようにはかない命」と形容されるように、カゲロウの成虫の寿命は1〜3日と言われている。成虫が短命で知られるセミやホタルよりさらに短い命である。しかし、それは成虫になってからの命であって、幼虫の期間は数カ月〜1年のものが多く、水中で生活をする。川底の状態や水質によってすみ分けしているので、環境の指標と

してよく用いられる。

　幼虫の形態は大きく三つのタイプに分けられるが、そのいずれもが腹部にえらと2～3本の尾を持っている。ヒラタカゲロウはその名のとおり、体が扁平で川底の礫にしがみついている。このタイプの多くは流れの速い平瀬や早瀬の礫にすむので、平らな体で水の抵抗を小さくしている。マダラカゲロウはごつごつした感じの体を持ち、早瀬から流れの緩やかなよどみの部分、砂の間など種類によってさまざまなところにすみ分けている。この二つの仲間は主に歩くことを移動の手段としている。

　これに対して、泳ぎを主な移動の手段としている仲間がある。どれも細長い流線型の体を持ち、体を激しく上下にくねらせて泳ぐことができる。飛鳥川にはマエグロヒメフタオカゲロウやチラカゲロウ、多くのコカゲロウの仲間がすんでいる。これらは礫や岸の堆積物の上を生活の場としている。もう一つのタイプは、流れの緩やかな岸などの砂や泥に潜って生活している仲間である。飛鳥川では稲渕より上流にフタスジモンカゲロウが、下流にモンカゲロウが分布している。川底の堆積物をざるですくい取ると現れるが、ケラのような発達した前足をもっていて、すぐまた隠れようと砂をかき分ける。

　これらカゲロウの仲間の多くは、礫に付着した藻類を削りとって食べるが、一部には肉食の仲間も知られている。幼虫は脱皮しながら成長し、終齢幼虫は水面近くに上がってきて、脱皮し羽化する。脱皮から飛び立つまでの時間や場所は種類によって違うが、モンカゲロウの羽化は水面で行われる。体が水面に現れたかと思うとスーッと幼虫のからだから抜け出し、同時にはねが伸びてすぐに飛び立って行く。この間1分とはかからない。トンボやチョウの羽化と比べれば極めて短時間である。これは水面近くが魚に最もねらわれやすい場所であるため、危険にさらされる時間をできるだけ短くしているのではないかと思われる。こうして羽化し飛び立ったものは、まだ飛び方も弱々しく、すぐ岸の植物などにつかまって休息する。実は羽化したものはまだ完全な成虫ではなく、亜成虫と呼ばれるものである。亜成虫は一昼夜ほとんど動かずそのまま過ごし、もう一度脱皮して成虫になるが、このような変態を行うのはカゲロウの仲間だけである。成虫は羽に透明感があり、雄は前足と尾が長く複眼が大きいのが特徴で、雌は腹にいっぱいの卵をつめこんでいるのがわかる。非常に活発に飛びまわり、特に雄は川の上を上下に飛びながら雌の飛来を待っている。このとき大きな集団をつくることがあり、これを群飛という。飛鳥川ではあまり大きな集団は見られないが、稲渕では3月の中旬の暖かい日中にナミヒラタガ

第3章　飛鳥川の河川環境

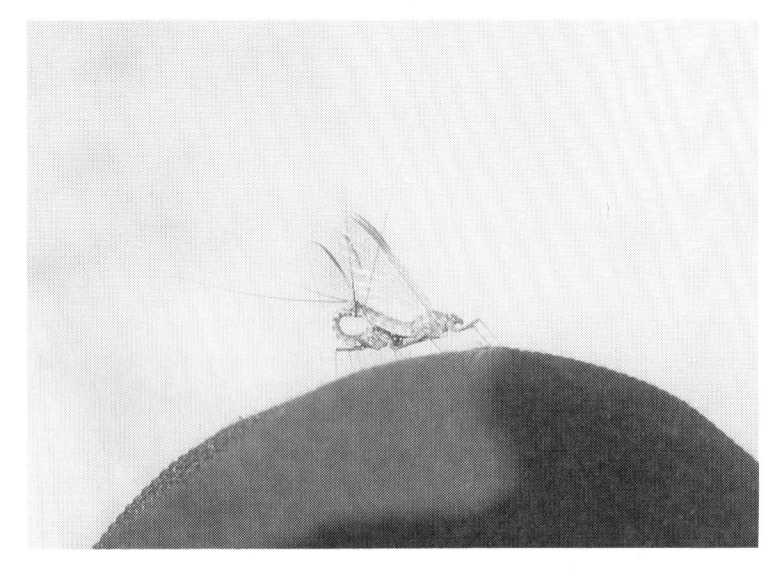

写真3-10　独特のスタイルで交尾をするナミヒラタカゲロウの成虫

ゲロウが、3月下旬から4月にかけてはマダラカゲロウの仲間が、5月の連休前後の夕暮れにモンカゲロウが飛んでいる。このほかにも春から夏にかけての夕方には、多くのカゲロウの成虫が見られる。大きな複眼で雌を見つけた雄は、長い前足と尾のつけ根にある把持子（はじし）と呼ばれる鍵型の突起で雌をしっかり捕まえ、独特のスタイルで交尾をする（写真3-10）。交尾を終えた雌はすぐ水面に産卵し、短い成虫の命が終わる。運悪く雌に出会えなかった雄もエネルギーを消耗し命尽きてしまうが、天候が悪く繁殖行動を行わなかった場合は、2〜3日は生きているようである。このように、カゲロウは興味深い生態を持ち、飛鳥川など身近な河川に多くの種類が分布しているにもかかわらず、まだわからない部分も多い昆虫である。

2）トビケラ

　トビケラも種類が多く、さまざまな形態がある（写真3-11）。トビケラの幼虫はどれもいもむし状で、頭部のみ固いキチン質で覆われている。多くの仲間が口から糸を出して砂粒や植物片などを集めた巣をつくり、その中で生活している。そして糸で作った網を巣の近くに張り、その網にかかった有機物を食べている。飛鳥川には岡から上流でナガレトビケラ、ヤマトビケラの仲間とクロツツトビケラが、稲渕から橿原市田中町にかけてグマガトビケラやニンギョウトビケラが、ほぼ全域でウル

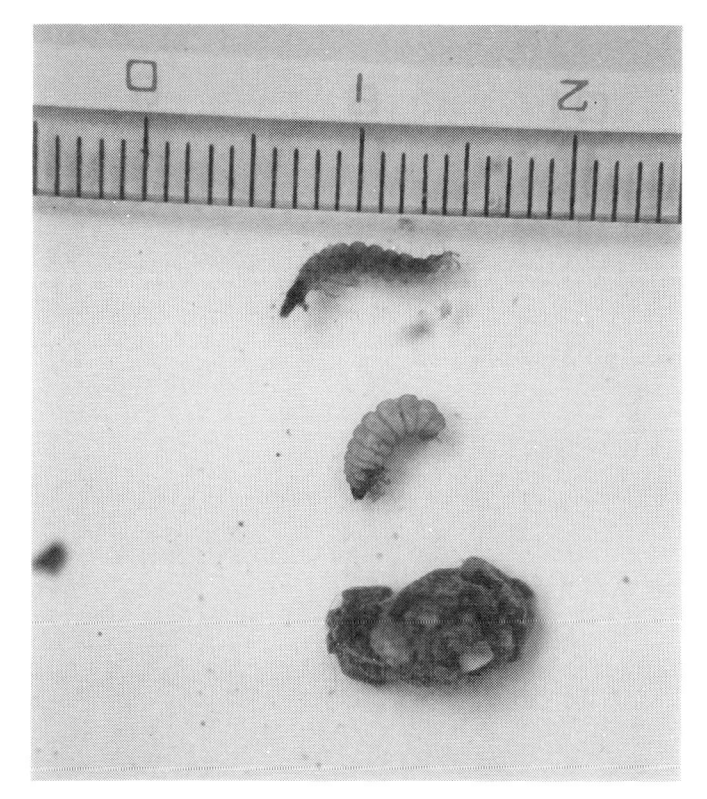

写真3-11 ムナグロナガレトビケラの幼虫(上)、ヤマトトビケラの一種の幼虫(中)とその巣(下)（スケール：1mm）

マーシマトビケラが、雷より下流でコガタシマトビケラが多く見られる。クロツツトビケラ、ヤマトトビケラ、ニンギョウトビケラなどは特徴のある形の巣をつくるが、これらは小型で注意してみないと見過ごしてしまう。それに対して、稲渕から祝戸の間の早瀬にすんでいるヒゲナガカワトビケラは体長3～4cmに達する大型の仲間である。トビケラは分類上ガに近く、完全変態を行い、水中でまゆをつくって蛹になる。脱皮した成虫は水面まで浮かび上がり飛び立って行く。トビケラの仲間は触角が長く、羽を屋根型にたたんで止まることなどもガに共通する部分である。雄は夕方や夜明け前の薄暗いときに川の近くで群飛し、近くに飛んできた雌と交尾する。雌は水中に潜って川底の礫などに産卵し一生を終える。

3）カワゲラ

カワゲラは水生昆虫の大きな三つの仲間の一つであるが、そのほとんどが渓流性で、平地の川には少ないため、明日香村の人里ではほとんど目にすることはない。岡から上流で数種が生息する程度で、その個体数も多くはない。食性は肉食で、カミムラカワゲラやオオヤマガワゲラなどの大型の種類を捕まえてバットの中へ入れておくと、他のカゲロウなどが食べられてしまうこともある。不完全変態をし、羽化するとき幼虫はしっかりとした足で陸上にはい上がってから脱皮する。非常に種類が多く、種の単位まで同定するのはかなり難しい。種名にオオヤマ、トウゴウ、ノギといった、明治の元勲の姓がつけられているのもおもしろい。

(2) 水生動物の調査の方法

調査地点は飛鳥川とその支流の源流から橿原市にかけて、生物の調査に適当な平瀬、早瀬や淵が存在する13カ所（図3-6）を選んだ。調査地点では川岸から川の中央にかけて河床に$0.25m^2$のコドラートを4つ置き、その中の礫やごみ、川底の砂にすむ生物の種類と個体数を記録した。水生動物の大半を占める昆虫には、1年を1サイクルとした生活史を持ち、秋から冬にかけて急成長して早春に羽化してしまうものがあるため、水温が高くなり始める前の1999年2～3月と、高水温期の1999年8月の2回調査を行った。

さらに、B地点（高取町高取の念仏橋）、D地点（明日香村稲淵の南淵）橋、J地点（明日香村豊浦の雷（いかづち））の3地点については、1998年9月から毎月第4週に同じ調査を行い、個体数の年間の変化を記録した。

調査対象としたのは魚類、甲殻類、昆虫類をはじめとした肉眼的生物で、同定が容易な体長およそ3mm以上のものである。

(3) 水生動物の調査結果

飛鳥川の河床は風化した領家帯の花崗岩類で、一般的にこのような河床は安定が悪く、生物相が乏しいといわれている。飛鳥川もその例外ではなく、紀の川水系の上流に見られるような、水生生物の宝庫と呼べるような状態ではない。しかし生息する種類は少なくても、季節によって比較的個体数が多く見られる地点もある。

水の冷たい冬は調査しづらいものであったが、2月の川には夏に見られない水生昆虫が多く見つかって驚かされた。

3.2 飛鳥川の生物

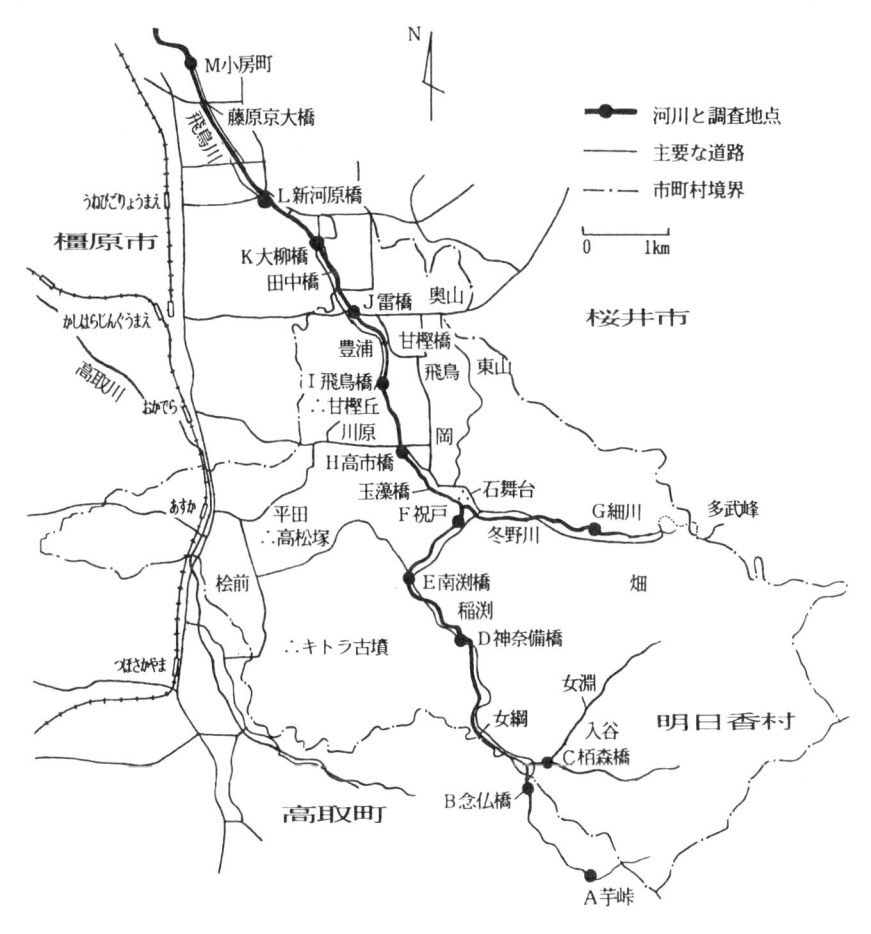

図3-6　主な調査地点

飛鳥川とその支流の源流から橿原市にかけて、生物の調査に適当な平瀬、早瀬や淵が存在する13ヵ所を選んだ。

　各調査地点にどのような種類が現れたかを示すのが表3-2①である。その地点の優占種は●で表した。さらに現れた生物がどの水質階級の指標種であるかを調べ、調査地点ごとにどの指標種が多く現れているかによって調査地点の水質を判定した(表3-2③)。ここでの水質階級は、従来から日本で用いられている貧腐水性(os)、β中腐水性(βms)、α中腐水性(αms)、強腐水性(ps)をそれぞれⅠ(きれいな水)、Ⅱ(少し

第3章 飛鳥川の河川環境

表3-2 飛鳥川の水生生物調査

① 今回の調査によって生息が確認できた水生昆虫

生物名 (sp.は属名までの同定にとどめているもの)	汚濁指数※	芋峠 A	念仏橋 B	栢森橋 C	神奈備橋 D	南渕橋 E	祝戸 F	細川 G	高市橋 H	飛鳥橋 I	雷橋 J	大柳橋 K	新河原橋 L	小房橋 M
扁形動物														
ナミウズムシ	1	・	○	・	○	○	○	○	・	・	○	・	・	・
環形動物														
シマイシビル	3	・	・	・	・	・	・	・	○	・	○	・	・	○
軟体動物														
カワニナ	1	・	・	・	○	○	・	・	・	・	・	○	・	○
カンサイヒメモノアラガイ	2	・	・	・	・	・	・	・	○	・	・	・	・	・
スクミリンゴガイ	−	・	・	・	・	・	・	・	・	・	・	・	・	・
サカマキガイ	4	・	・	・	・	・	・	・	・	・	・	・	○	・
マルタニシ	2	・	・	・	・	・	・	・	・	・	・	○	・	・
節足動物														
◎甲虫類														
サワガニ	1	○	○	・	・	・	○	・	・	・	・	・	・	・
ニッポンヨコエビ	1	●	・	・	・	・	・	・	・	・	・	・	・	・
ミズムシ	3	・	・	・	・	・	・	・	・	○	●	・	●	・
スジエビ	1	・	・	・	・	・	・	・	・	・	○	・	・	・
◎昆虫類														
モンカゲロウ	1	○	○	○	○	○	・	・	・	・	・	・	・	・
フタスジモンカゲロウ	1	●	○	○	○	・	・	・	・	・	・	・	・	・
キイロカワカゲロウ	2	・	・	・	・	・	・	・	・	・	・	・	・	・
ヒメカゲロウ	2	・	・	・	・	・	・	・	・	○	・	・	・	・
ヨシノマダラカゲロウ	1	・	○	・	○	○	・	・	・	・	・	・	・	・
オオマダラカゲロウ	1	・	・	・	・	●	・	・	●	・	●	・	・	・
フタマママダラカゲロウ	1	・	・	・	●	●	●	●	●	・	・	・	・	・
オオクママダラカゲロウ	1	○	・	・	●	●	●	●	●	●	・	・	・	・
クロマダラカゲロウ	1	・	・	●	●	●	・	・	・	・	・	・	・	・
ホソバマダラカゲロウ	1	・	・	●	●	●	・	・	・	・	・	・	・	・
シリナガマダラカゲロウ	1	・	・	・	・	・	・	・	●	・	・	・	・	・
エラブタマダラカゲロウ	1	・	・	・	・	・	・	・	・	・	・	・	・	・
ヒメトビイロカゲロウ	2	・	・	・	・	・	・	・	・	・	・	・	・	・
ナミトビイロカゲロウ	1	○	○	○	●	・	・	○	・	・	・	・	・	・
イマニシマダラカゲロウ	−	・	・	・	○	○	○	・	○	・	・	・	・	・
アカマダラカゲロウ	2	・	・	・	・	・	・	・	・	・	・	○	・	・
フタバコカゲロウ	1	・	・	・	・	●	・	・	・	・	・	・	・	・
サホコカゲロウ	3	・	・	・	・	○	・	・	・	・	・	・	○	・
トビイロコカゲロウ	1	・	・	・	・	・	・	・	・	・	・	・	・	・
コカゲロウ sp.	1	○	・	○	○	●	●	○	・	●	●	○	●	・
ガガンボカゲロウ	1	・	・	・	・	・	・	・	・	・	・	・	・	・
ウエノヒラタカゲロウ	1	・	・	・	・	・	・	・	・	・	・	・	・	・
エルモンヒラタカゲロウ	1	・	・	・	・	・	・	・	●	○	・	・	・	・
ナミヒラタカゲロウ	1	・	○	・	・	・	・	・	・	・	・	・	・	・
ユミモンヒラタカゲロウ	1	・	・	・	・	・	・	・	・	・	・	・	・	・
シロタニガワカゲロウ	1	・	・	・	●	・	・	●	・	・	・	・	・	・
クロタニガワカゲロウ	1	・	・	・	・	・	・	・	・	・	・	・	・	・
ミヤマタニガワカゲロウ	1	・	・	・	・	・	・	・	・	・	・	○	・	・
キョウキハダヒラタカゲロウ	1	・	・	・	・	・	・	・	・	・	・	・	・	・
ヒメヒラタカゲロウ	1	・	・	・	・	・	・	・	・	・	・	・	・	・

3.2 飛鳥川の生物

種名	汚濁指数											
サツキヒメヒラタカゲロウ	1	·	·	·	·	○	·	·	·	·	·	·
オオフタオカゲロウ	2	·	·	·	·	○	·	·	·	○	·	·
チラカゲロウ	1	·	○	·	○	·	·	○	·	·	·	·
ヒメフタオカゲロウ	1	·	·	·	○	·	●	○	·	·	·	·
マエグロヒメフタオカゲロウ	1	○	○	·	·	·	·	·	·	·	·	·
ノギカワゲラ sp.	1	·	○	·	·	·	·	·	·	·	·	·
オナシカワゲラ sp.	1	○	○	·	·	·	·	·	·	·	·	·
フサオナシカワゲラ sp.	1	○	○	·	·	·	·	·	·	·	·	·
ミドリカワゲラモドキ sp.	1	·	○	·	·	·	○	·	·	·	·	·
クラカケカワゲラ sp.	1	·	○	·	·	·	·	·	·	·	·	·
ヤマトアミメカワゲラモドキ	1	·	○	·	·	·	·	·	·	·	·	·
マエキフタツメカワゲラ	1	○	○	·	·	·	·	·	·	·	·	·
オオヤマカワゲラ sp.	1	·	○	·	·	·	·	·	·	·	·	·
カミムラカワゲラ sp.	1	○	○	·	·	·	·	·	·	·	·	·
クレメンスナガレトビケラ	1	·	○	·	·	·	·	·	·	·	·	·
ヒロアタマナガレトビケラ	1	·	·	·	·	·	·	·	·	·	·	·
カワムラナガレトビケラ	1	·	○	·	·	·	·	·	·	·	·	·
ムナグロナガレトビケラ	1	·	·	·	○	·	·	·	·	·	·	·
ツメナガレトビケラ	1	·	○	·	·	·	·	·	·	·	·	·
ヤマトビケラ sp.	1	·	○	○	○	○	·	·	·	·	·	·
チャバネヒゲナワカワトビケラ	1	·	○	○	·	·	·	·	·	·	·	·
ウルマーシマトビケラ	1	·	●	○	●	●	●	●	●	·	·	·
ギフシマトビケラ	2	·	○	○	○	○	○	○	○	○	·	·
コガタシマトビケラ	2	·	○	○	●	○	·	●	○	●	·	○
ニンギョウトビケラ	1	·	○	○	○	○	·	·	·	·	·	·
コエグリトビケラ sp.	1	·	·	·	·	·	·	·	·	·	·	·
トビケンエグリトビケラ	—	·	·	○	·	·	·	·	·	·	·	·
キタガミトビケラ	1	·	○	·	·	·	·	·	·	·	·	·
コカクツットビケラ	1	·	○	·	·	○	·	·	·	·	·	·
グマガトビケラ	1	·	·	·	·	·	·	·	·	·	·	·
クサツミトビケラ	1	·	○	·	·	·	·	·	·	·	·	·
マルツットビケラ	—	·	·	·	·	·	·	·	·	·	·	·
クロツットビケラ	1	·	○	·	·	·	·	·	·	·	·	·
マルガムシ(成虫)	·	○	○	·	·	·	·	·	·	·	·	·
ナベブタムシ	1	·	○	·	·	·	·	·	·	·	·	·
ヘビトンボ	1	·	○	·	·	·	·	·	·	·	·	·
ヤマトクロスジヘビトンボ	1	○	○	·	·	·	·	·	·	·	·	·
ナガレアブ sp.	—	·	·	·	·	·	·	·	·	·	·	·
ミズアブ sp.	—	·	·	·	·	·	·	·	○	·	·	·
ウスバヒメガガンボ sp.	1	·	○	○	○	·	○	○	·	·	·	·
ガガンボ sp.	—	○	○	·	○	○	·	○	·	·	○	·
ブユ sp.	1	·	·	·	●	·	●	○	·	·	·	·
ユスリカ(緑) sp.	1	·	·	·	·	·	·	·	·	○	○	○
ユスリカ(褐色) sp.	3	·	·	·	·	·	○	○	·	●	·	○
ヒラタドロムシ	2	·	·	·	·	·	○	·	·	·	·	·
ゲンジボタル	1	·	·	·	·	·	·	·	·	·	·	·
カワトンボ	1	○	○	·	·	·	·	·	·	·	·	·
ハグロトンボ	2	·	·	·	·	·	·	·	·	·	·	·
コオニヤンマ	2	·	·	·	○	·	·	·	·	·	·	·
ムカシトンボ	1	○	○	·	·	·	·	·	·	·	·	·
ダビドサナエ	1	○	○	·	·	·	·	·	·	·	·	·
ヤマサナエ	1	·	·	·	·	·	·	·	○	·	·	·

※汚濁指数：その生物がどの水質階級の指標であるかを示すもの
　　1＝os　2＝βms　3＝αms　4＝ps　（御勢、1982）

○：生息を確認、●：非常に多くの生息を確認

第3章 飛鳥川の河川環境

② 今回の調査によって生息が確認できた魚類（1974年、明日香村史による）

生物名	調査年 1974	調査年 1999
タカハヤ	○	○
ムギツク	○	○
オイカワ	○	○
カワムツ	○	○
コイ	○	
カマツカ		○
フナ		○
ウナギ	○	
タウナギ		○
ドジョウ		○
シマドジョウ		○
ギギ		○
ドンコ	○	
カワヨシノボリ	○	○

③ 調査地点ごとの出現種数と水質判定

調査地点		出現種数 汚濁階級指数				保留	計	水質の判定
		1	2	3	4			
芋　峠	A	21	0	0	0	1	22	os
念仏橋	B	35	0	0	0	2	37	os
栢　森	C	35	2	0	0	3	40	os
神奈備橋	D	40	4	1	0	2	47	os
南渕橋	E	40	6	1	0	3	50	os
祝　戸	F	26	4	1	0	1	32	os
細　川	G	23	2	2	0	1	28	os
高市橋	H	31	8	3	0	2	44	os
飛鳥橋	I	14	7	3	0	4	28	os
雷　橋	J	20	6	4	0	3	33	os
大柳橋	K	3	5	1	1	1	11	βms
新河原橋	L	1	0	2	1	2	6	βms
小房町	M	3	1	3	0	0	7	αms

よごれた水）、Ⅲ（きたない水）、Ⅳ（たいへん汚い水）と置き換えたものである。

　また、飛鳥川にすむ主な水生昆虫が、どの季節によく見つかるかをまとめたものが表3-1である。これは、水生昆虫の幼虫が肉眼で見つかる大きさになってから成虫になるまでの期間といえる。

　次に調査地点13カ所を1）～5）の5つの区間に分け、その生物相について考察した。

1）源流～栢森(女綱)（図3-6、A～C）

　飛鳥川本流の源は明日香村畑（はた）の山地の中にあるが、同村入谷（にゅうだに）や高取町高取の山地を源とする流れとも同村栢森で合流する。この合流地点までは、ほとんどスギやヒノキの植林地の中を流れる、いわゆる谷川である。水温は真夏でも20℃前後で、沢筋では気温が27℃より上がることはまれである。多くの河川の場合、最も上流の集落を過ぎると、それより上流には人家が存在しないが、明日香村では冬野、畑、入谷の集落は尾根に存在し、畑には明日香村の焼却場も建設されている。そのため、最も上流から生活排水が流入することになる。ただし、いずれも戸数はわずかなためか、水質の悪化は見られない。畑から流れる本流には、男淵、

女淵と呼ばれる深い淵が所々にあり、女淵ではタカハヤの生息が確認された。しかしこれ以外は水量が少なく、水深は平常時で 10～20 cm 程度である。そのためか、魚類ではカワヨシノボリとわずかにカワムツが見られるだけであるが、水生昆虫は比較的豊富で、カワゲラの仲間やヒラタカゲロウの仲間は普通に見られる。特筆すべき種として、生きた化石と呼ばれるムカシトンボの幼虫がこの源流域だけで見られるが、その個体数は多くない。このほか多く見られるものに、ナベブタムシがある。この昆虫はカメムシの仲間で、ほかの昆虫から体液を吸って生きている。甲殻類では川岸の沈んだ枯れ葉などのあいだにヨコエビが、石の下にはサワガニが多く見られる。

この源流域は年間を通して、現れる生物の種類や個体数の変化の小さいところであるが、このことからも、この区域が安定した環境にあると考えられる。特にムカシトンボやサワガニなど、長い寿命を持つものにとって、清冽な水が流れ続けることが成育と繁殖を続けるための好条件となっているのであろう。

2) 栢森(女綱)～岡(高市橋)（図 3-6、D～H）

栢森を過ぎると棚田が両岸に広がるようになる。稲渕、祝戸(いわいど)という集落も飛鳥川に沿って開けた平地の上にある。家庭からの生活排水に加えて、水田からの水も川に流入し、しだいに富栄養化するところである。富栄養化に加えて谷が開け、光が当たりやすくなることもあって、川底の礫には藻類の付着が増える。それを食べるカゲロウなどの水生昆虫や、カワニナもかなり多く見られる。カワニナはきれいな水の指標とされているが、実際には少し富栄養な水のところに多くすんでいる。ゲンジボタルの幼虫がカワニナを食べて育つことはよく知られているが、明日香村で最も多くゲンジボタルが見られるのは稲渕である。この稲渕、祝戸、岡地区は飛鳥川で最も多く水生昆虫が生息しているところである。その中でも特に、この区域を代表する種としてあげられるのは、マダラカゲロウの仲間とシマトビケラの仲間である。稲渕の南渕橋の下の平瀬で、$1 m^2$ あたり 140 個体と、たいへん密度の高いのはオオクママダラカゲロウである。このほか、瀬にはクロマダラカゲロウ、オオマダラカゲロウが、流れの緩やかな岸近くの砂地やごみの中にはホソバマダラカゲロウ、シリナガマダラカゲロウなどが多く生息している。

流れの緩やかな早春の川岸には、マエグロヒメフタオカゲロウがすんでいて、人影が近づくと体を小刻みにくねらせてすばやく泳いで逃げていく。注意して見ないと小さな魚が泳いでいるように見える。このカゲロウは暖かい年には 2 月下旬から羽

化を始める。

　シマトビケラの仲間としては、早瀬でウルマーシマトビケラが1m^{2}あたり数10個体見つかっている。

　一方で、これらの昆虫を襲う肉食の動物も多く生息している。昆虫類ではヘビトンボやコオニヤンマ、ハグロトンボの幼虫、魚類ではカワヨシノボリなどである。カワヨシノボリはハゼの仲間の魚で、川底の礫の間をすみ家とし、縄張りをつくってその中にいる水生昆虫をなどの動物を食べている。夏には石の下に穴を掘ってその石の裏側に卵を産みつけ、雄はその卵を守る習性がある。稲渕ではかなりの密度でカワヨシノボリが生息している。

　このほかに、大型の肉食動物としてドンコやカワガラスがあげられる。ドンコもハゼの仲間の魚で、大きいものは15cmくらいある。幼魚は主に水生昆虫を食べるが、成魚は4～5cmあるカワムツやカワヨシノボリでも大きい口で丸のみにしてしまう。カワガラスは水生昆虫を主食とする鳥類で、スズメよりひとまわり大きく黒褐色の地味な姿をしている。鳴きながら水面を低く飛び、水に潜って昆虫を探してつかまえる。紀伊山地の渓流では普通に見られるが、飛鳥川では栢森から稲渕にかけてまれに見られる程度である。何個体生息しているのかは不明であるが、稲渕において一つがいの営巣が確認できた。カワガラスはほかの鳥類よりかなり早く、2月ごろから繁殖期に入る。春になって暖かくなると、ひなの餌となる水生昆虫が一斉に成虫になって川から飛び立ってしまうため、餌の豊富な間に繁殖期を終えているものと思われる。このほかに、この区間で多く見られるものにブユがある。ブユはハエやアブに近い仲間で成虫の体長は2～3mmである。川で調査をしていると顔の前を飛び回り、いくら追い払ってもすぐまた近づいてくる。ブユはアブと同じように、体液を吸うために私たちに近づいてくるのであるが、刺されても私たちは気付かないことが多い。ただし、時間が経つと赤く大きくはれあがり、1週間くらいかゆみが続く。ブユは市街地にはいないため一般にはあまり知られていないが、明日香村ではブトと呼ばれ、厄介な虫とされている。幼虫はいもむし状で、集団で清冽な川の早瀬の岩石にしっかりとしがみついている。

　祝戸から岡にかけては川が大きく蛇行し、早瀬、平瀬、淵、そして河床に岩盤が露出しているところなど、多様な河川形態が見られる。祝戸から岡に見られる小さな淵にはカワムツが群れをつくり、ドンコが岩陰にひそんでいる。そして、流れの緩やかな岩場や川岸から水中に垂れ下がったミゾソバなどの植物の間にスジエビが

見られる。スジエビは明日香村では池に多く見られるが、かつては飛鳥川でも川岸に広い範囲で生息していたらしく、川エビと呼んで食用にもされたようである。現在では飛鳥川でスジエビを見ることはこの区間以外ではめったにない。

明日香村岡の県道と飛鳥川が交差する地点(高市橋)付近で、吉野川分水が飛鳥川に合流する。吉野川分水は奈良盆地に農業用水を送るために引かれている吉野川の水である。この水は長い導水トンネルを通ってくるためか水温が低く、夏の高温期でも20〜22℃と安定している。岡付近の飛鳥川本流の水温は最も高い8月で25〜27℃に上昇するが、合流点付近では約2℃水温が下がることが確認された。この地点ではエルモンヒラタカゲロウが多く見られ、キイロカワカゲロウも数個体見つかった。これらのカゲロウは、吉野川ではごく普通に見られる種類であるが、飛鳥川で見られるのはこの地点だけである。確認はできていないが、おそらく卵か幼虫が分水の水とともに運ばれてきたのであろう。エルモンヒラタカゲロウは富栄養な水や水温の高くなるところにはすめないため、この地点から下流に分布を広げることがなかったものと思われる。このほか、魚類ではギギが橋の下の淵で見つかったが、これも他の地点では見つかっていない。

3)飛鳥(飛鳥橋)〜豊浦(雷橋)(図3-6、Ⅰ、Ｊ)

明日香村川原から飛鳥、雷、豊浦にかけては平地となり、流れは比較的緩やかになる。川原から飛鳥にかけては水田が多いが、甘樫丘の北側からは住宅も増える。飛鳥橋から雷までは大規模な護岸工事が行われ、自然の川岸は残されていない。生物相は一変し環境の大きな変化を表している。川底の礫は少なくなり、たとえあったとしても大部分が砂や泥に埋もれていて、石の裏を生活の場とする水生昆虫はすめない。この区間を代表する生物はミズムシとヒルである。ミズムシはダンゴムシを小型にしたような形をしており、分類上も同じ甲殻類に入る。比較的流れの緩やかなところの礫やごみの間にすんでいて、生息域では多数の個体が集団で見つかることが多い。ヒルの仲間には何種類かあるが、飛鳥川ではシマイシビルが普通に見られる。この仲間はミズムシと同じ分布を示し、両種が好む生息環境が一致しているものと思われる。ただ、ヒルは吸盤で川底のれきに強く吸い付くことができるため、ミズムシよりは流れの速い瀬にもすんでいて、水生昆虫など他の動物の体液を吸う。

これらのほか個体数は少ないが、コガタシマトビケラ、シロタニガワカゲロウ、コカゲロウの仲間が見られる。ただし、冬から春にかけては、わずかに残った大形

の礫にオオクママダラカゲロウ、オオマダラカゲロウが生息している。また、オオフタオカゲロウが流れの緩やかな砂地に見られた。

　魚類ではどの地点でもカワムツがもっとも多いが、豊浦に新たに造られた人工の滝壷には、オイカワが混泳していた。カワヨシノボリも個体数は少ないが瀬の部分に限って分布している。

　飛鳥橋から甘樫橋にかけては、1999年に改修工事が始まるまで、その上流の岡や祝戸と同様に水生昆虫が多く生息し、ドンコやカワヨシノボリなども普通に見られたが、工事完成後の2000年夏には一部のカゲロウ、トビケラの仲間以外は見られなくなっている。今後河床が安定し、瀬や淵などが発達すれば再び元の生物が戻ってくることは期待できるが、隣接する区域も同様の工事が行われており、特に下流からは大きい落差工があることから魚類の移動は難しいと思われる。

４）橿原市田中町(大柳橋)～飛騨町(新河原橋)（図3-6、K，L）

　橿原市田中町から同市飛騨町にかけては砂が堆積し、起伏に乏しい平坦な河床である。しかし、河川改修から時間のたったところや、農業用水を引くための井堰の下には流れの緩やかな部分や淵のように深いところができている。このような場所には魚類が多くすんでいる。やはり中心はカワムツであるが、オイカワ、フナ、ムギツクも混泳している。現在、飛鳥川でムギツクの生息が確認されているのは、この調査を行った範囲ではここだけである。川底で生活する魚類にとっても、適当な深さがあり餌の豊富なこの区間はすみやすい場所となっているのであろう。カワヨシノボリ、ドンコ、カマツカ、シマドジョウも見られた。ただ、夏の渇水期には水深が数cmとなり、水温は30℃近くまで上昇するためか、カマツカやシマドジョウの死がいもよく見かけた。水の汚れに加え、水温の上昇が生物相に与えている影響は大きいと考えられる。このような環境にも耐え、生息数を増やしているのがタウナギである。一見ヘビのように見えるこの仲間は、一度見ると忘れられない印象を与える。

　魚類が多く生息するこの区間は、これを餌とする動物にとっても生活の場である。コサギは白くてよく目立つが、橋から水面をしばらく見ていると美しいカワセミがダイビングするようすを目撃するチャンスにも巡りあえる。

　水生昆虫は種類、個体数ともに少ないが、春には若干この数値が大きくなる。これは先に述べたように、マダラカゲロウの仲間が加わるからである。

　昭和40年代まではこの区間でも多くのシジミが生息し、食用にもしていたと言う。

現在では田中町でごく少数確認できる程度にまで減っている。その代わり、ジャンボタニシと呼ばれる南アメリカ原産のスクミリンゴガイが急速に増えつつある。この貝は食用にするため持ち込まれたものの人気がなく、養殖業者が放棄したものが野性化したと言われている。寒さに弱く冬は泥の中に潜っているが、近年の暖冬傾向はこの種の分布の拡大に拍車をかけているようである。

5）橿原市縄手町（藤原京大橋）〜小房町（図3-6、M）

飛騨町より下流では、さらに河床への砂や泥の堆積が多くなり、一部の地点を除いてほとんど礫は見られない。この調査の最も下流は橿原市小房町であるが、ここでは両岸に加えて川底までコンクリート化された、いわゆる三面張りと呼ばれる改修が行われている（写真3-12）。しかし、わずかに堆積している礫の間には、コガタシマトビケラ、サホコカゲロウなどのコカゲロウ類、ユスリカの仲間のほか、カワニナもわずかに生息している。魚類ではオイカワとカワムツがコンクリートで造ら

写真3-12　橿原市内を流れる飛鳥川
両岸に加えて川底までコンクリート化された、いわゆる三面張りと呼ばれる改修が行われている（橿原市小房町：調査地点M）。

れた新しい環境のもとで数多く泳いでいる。このほかシマイシビルも見られたがその個体数は多くはない。

3. 飛鳥川の植物

(1) 河川の植物とは

　ここでは、川の水面から20cm以内の高さにあり、にわか雨の後など通常の増水で頻繁に冠水する平面を川岸、通常の増水ではめったに冠水しない斜面を土手と呼んで区別した。川岸は川から絶えず水の供給を受け、土壌は水を多く含んでいる。このような条件は河川に特有のものであるため、川岸には独特の植物群落が形成されている。一方で、土手は川岸ほど強く河川の影響を受けないため、空き地などと同様に「荒れ地」の群落が形成されやすい。ただし、堆積物が砂であれば保水性に乏しく、植物にとって厳しい環境となり、粘土質や腐植質であれば植物にとって好都合な富栄養な土壌となる。また、改修工事によって最も大きく影響を受けるのは土手の植物で、土壌の攪拌やコンクリート化は在来の植物と帰化植物の優占度に大きく影響していると見られる。

　このように川岸や土手の植物は川の水質、土壌などの影響を受けながら、また水質の浄化や、水流による土壌の侵食を防ぐなどのはたらきを持っている。そして水辺に生活する動物にすみ家を提供している。「川の生物」と言えば、まず魚などの動物を思い起こすが、植物と動物はどこでも密接な関わりを持って一つの生態系をつくっているのであり、それは飛鳥川でも同じことである。

　飛鳥川の植物といえば万葉集に登場するいわゆる「万葉の植物」を想像してしまうが、現在の飛鳥川にはどんな植物が生育しているのか。川岸や川の土手にある植物の調査結果からその環境を考察した。

　　　世の中は　なにか常なる飛鳥川
　　　　　きのふの淵ぞ　けふは瀬になる
　　　　　　　　　　　　　　　　　（古今集）

　その昔、多くの川がそうであったように、飛鳥川も洪水の度に流れを変え、流域のようすを変え、まさしく自然の状態であったと考えられる。しかし、現在は河道が固定されて川が氾濫することのないようにできている。それに伴って湿地や沼がなくなり、人が住み、耕せる土地の面積が増えた。一方で湿地に生育する植物は生

育場所を失い、姿を消した。「なぎのあつもの」と文書に出てくるナギ(ミズアオイ)はその一つである。ミズアオイは飛鳥川の周辺の水湿地に多く自生し食用にされていたようであるが、現在では全国的にも希少な植物となり、明日香村の棚田の一角で兵庫県のある町から譲られたものが栽培されている。

(2) 調査の方法

今回の調査では水の中、川岸、土手に自生する維管束植物の種類(植物相)を調査するとともに、群落を抽出してその分布のようすを記録した。

調査の範囲は飛鳥川の源流域に当たる入谷から、橿原市小房町にかけての八つの区間で、4〜5月にかけてと、8月〜9月にかけての2回行った。植生調査については4m^{2}の調査枠を設け、その中に現れる全種類の植物について被度と群度を記録するというブラウン・ブランケ法で行った。

(3) 調査の結果

この調査の全区間を通して現れた植物は50科、200種に及んだ。区間ごとの数値を見ると(図3-7)、下流のほうが出現種数が多くなる傾向が認められる。最も上流の区間では30種に過ぎないが、甘樫橋から河原橋にかけての区間では120〜130種にも上っている。この理由としては、上流は川幅が狭く、植物の生育できる場所が広くないこと、もうひとつは人手の加わらない天然の土手が多いため、植物の群落が安定した状態にあることが考えられる。また、山林の中を流れる入谷・栢森ではあまり光が当たらず、植物にとって厳しい条件であることが出現種を限られたものにしていると思われる。

一方、甘樫橋から下流では川岸の堆積物が増え、植物の生育に適した日当たりのよい肥沃で湿潤な所が広くなってくる。春にはカワヂシャやオランダガラシが、夏にはイヌビエやミゾソバなどがここに広い群落をつくっていた。

そして帰化種に着目すれば、高市橋より下流で1/4以上になっている。この区間は改修工事が頻繁に行われてきた地点である。工事によって現れた裸地が、帰化種の侵入を容易にしたものと考えられる。特に、セイタカアワダチソウ群落やオオブタクサ群落の周辺に、イネ科やキク科の1年性草本が多く見られた。しかしこれらの帰化種のうち、この地に定着できるものは少ないであろう。

飛鳥川の姿が現在のようになるまでは、何度も人手が加えられたと思われるが、

第3章　飛鳥川の河川環境

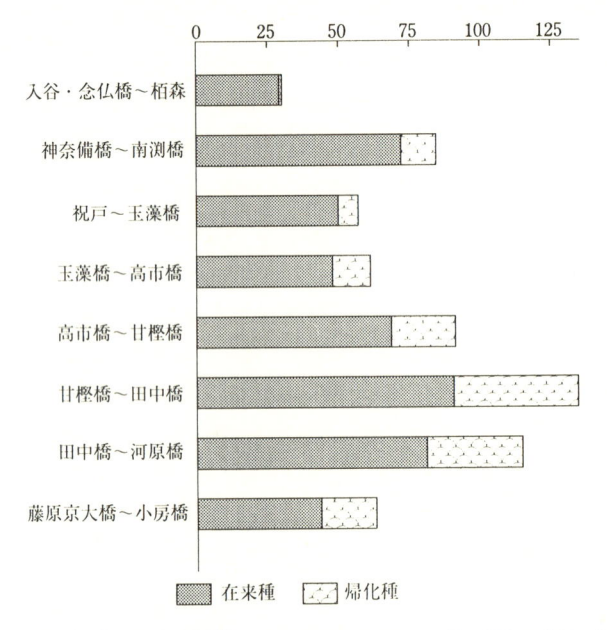

図3-7　調査地点ごとの出現種数　調査の結果50科、200種の植物が確認できた。

　昭和30年代まではネコヤナギなどの木本の植物が飛鳥川の川岸や土手に多くあったと言われている。それを一変させたのは、1960年(昭和35年)に襲来した伊勢湾台風であったという。洪水と災害復旧工事のためにこれらの植生はほとんど破壊され、その後も度重なる河川改修で、もとの植生はよみがえらず現在に至っている。いくらでもあったというネコヤナギは、現在稲渕にわずか数株が残るのみである。
　水中に生育する植物、いわゆる水草は、飛鳥川には非常に少ない。エビモ、フサモが所々に小規模な群落をつくっているだけである。橿原市内の高取川や明日香村内の用水路にはヤナギモ、クロモ、オオカナダモの多く見られるところがあるので、河床の安定とともに、また「玉藻」と呼ばれるような群落が成長する可能性は十分にある。
　今後、飛鳥川は新しい河川改修の技術の導入で、さらに新しい環境がつくり出されるであろう。そこにはどんな植物が生育し、飛鳥川がどんな様相を呈するようになるかは想像できないが、遷移途上のものとして、2000年現在の植物相と植生を以下に記録した(図3-8)。

3.2 飛鳥川の生物

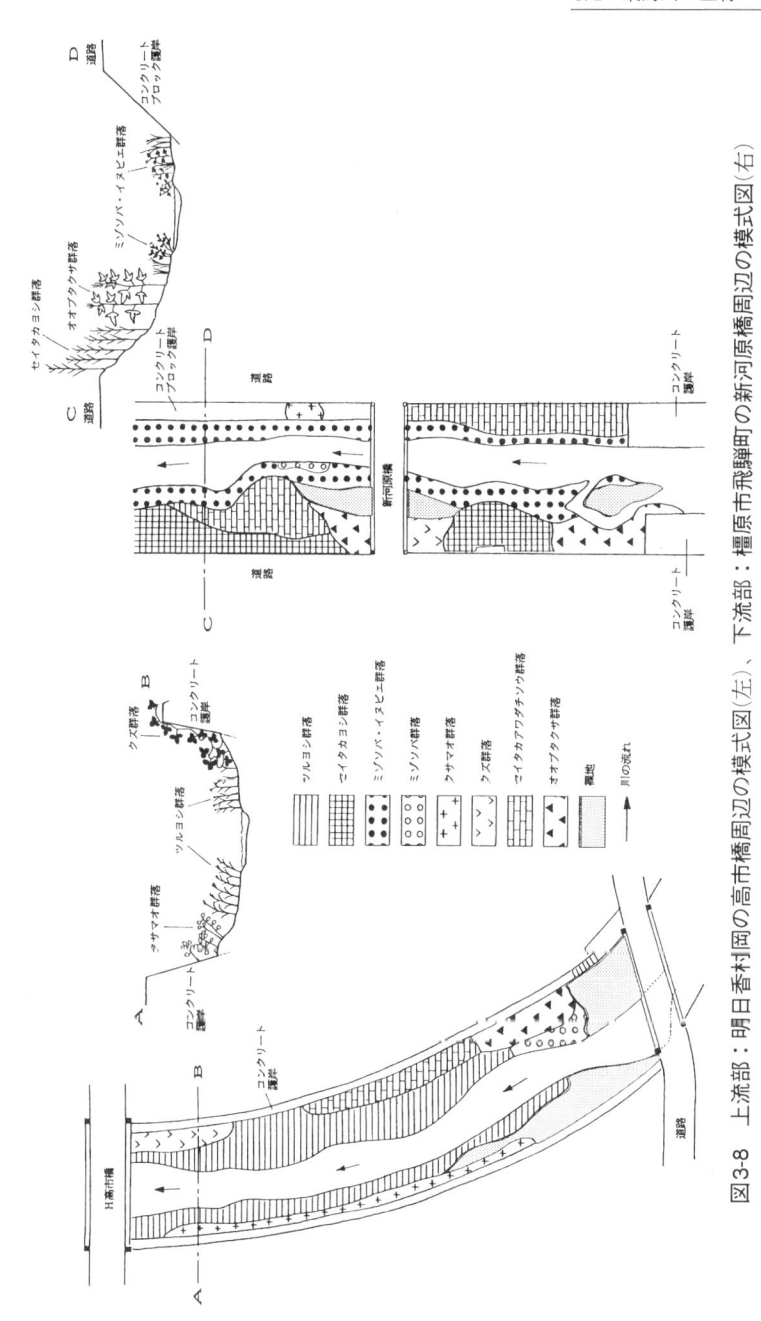

図3-8 上流部：明日香村岡の高市橋周辺の模式図（左）、下流部：橿原市飛騨町の新河原橋周辺の模式図（右）

1）植物目録

【キク科】ノゲシ、オタビラコ、ニガナ、オオジシバリ、アキノノゲシ、カンサイタンポポ、シロバナタンポポ、コオニタビラコ、キツネアザミ、ダンドボロギク、ノボロギク、タカサブロウ、ヨモギ、アメリカセンダングサ、センダングサ、ハハコグサ、ヒメジョオン、ハルジオン、ヒメムカシヨモギ、オオアレチノギク、ホウキギク、ヨメナ、セイタカアワダチソウ、オオブタクサ、オオオナモミ、フキ

【ウリ科】カラスウリ、アレチウリ

【オミナエシ科】ソクズ

【アカネ科】ヘクソカズラ、ヤエムグラ

【オオバコ科】オオバコ

【キツネノマゴ科】キツネノマゴ

【ゴマノハグサ科】タチイヌノフグリ、オオイヌノフグリ、イヌノフグリ、カワヂシャ、トキワハゼ、ムシクサ

【ナス科】クコ

【シソ科】トウバナ、カキドオシ、ホトケノザ、ヒメオドリコソウ

【クマツヅラ科】ヤナギハナガサ

【ムラサキ科】キウリグサ

【ヒルガオ科】ヒルガオ、ヨルガオ

【ガガイモ科】ガガイモ

【セリ科】チドメグサ、オヤブジラミ、セリ

【アリノトウグサ科】フサモ

【アカバナ科】メマツヨイグサ、チョウジタデ、ユウゲショウ

【ブドウ科】ヤブガラシ

【ツリフネソウ科】ツリフネソウ

【トウダイグサ科】エノキグサ、コニシキソウ、オオニシキソウ、アカメガシワ

【ナデシコ科】ツメクサ、ノミノツヅリ、ノミノフスマ、オオヤマフスマ、ミミナグサ、オランダミミナグサ、ウシハコベ、ハコベ、ミドリハコベ、ムシトリナデシコ

【スベリヒユ科】スベリヒユ

【ザクロソウ科】ザクロソウ

【ヤマゴボウ科】ヨウシュヤマゴボウ

【ヒユ科】ヒナタイノコヅチ、ホソアオゲイトウ、イヌビユ、ホナガイヌビユ、ノゲ

イトウ

【アカザ科】ケアリタソウ、シロザ

【タデ科】スイバ、エゾノギシギシ、アレチギシギシ、ママコノシリヌグイ、ミゾソバ、ヤナギタデ、ボントクタデ、オオイヌタデ、イタドリ

【イラクサ科】アオミズ、クサマオ、ヤブマオ、コアカソ、ウワバミソウ

【クワ科】クワクサ、カナムグラ

【カタバミ科】カタバミ、アメリカフウロ

【マメ科】フジ、アレチヌスビトハギ、ヤハズエンドウ、カスマグサ、スズメノエンドウ、シロツメクサ、コメツブツメクサ、ゲンゲ、ヤブマメ、クズ、ツルマメ

【バラ科】ノイバラ、ユキヤナギ、ヘビイチゴ、オヘビイチゴ、フユイチゴ、ダイコンソウ

【ユキノシタ科】ウツギ、ネコノメソウ

【ベンケイソウ科】コモチマンネングサ

【アブラナ科】ナズナ、マメグンバイナズナ、タネツケバナ、オランダガラシ、セイヨウカラシナ、イヌガラシ

【ツヅラフジ科】アオツヅラフジ

【キンポウゲ科】ボタンヅル、センニンソウ、タガラシ、ウマノアシガタ、キツネノボタン

【ヤナギ科】ネコヤナギ、イヌコリヤナギ、タチヤナギ

【ドクダミ科】ドクダミ

【アヤメ科】キショウブ、シャガ

【ヤマノイモ科】オニドコロ、カエデドコロ

【ヒガンバナ科】ヒガンバナ

【トチカガミ科】エビモ、オオカナダモ

【ユリ科】ノビル、ヤブカンゾウ、ジャノヒゲ

【イグサ科】イ

【ツユクサ科】ツユクサ、イボクサ、ヤブミョウガ

【ウキクサ科】ウキクサ

【カヤツリグサ科】コゴメガヤツリ、カヤツリグサ、タマガヤツリ、アゼナルコスゲ

【イネ科】メダケ、ネザサ、スズメノチャヒキ、イヌムギ、ネズミムギ、カラスムギ、カモジグサ、ナギナタガヤ、ヒロハノウシノケグサ、カモガヤ、スズメノカタビ

第3章 飛鳥川の河川環境

ラ、オオイチゴツナギ、イチゴツナギ、ヒメコバンソウ、ドジョウツナギ、カゼクサ、オヒシバ、カズノコグサ、ツルヨシ、セイタカヨシ、エゾノサヤヌカグサ、カニツリグサ、クサヨシ、ヒエガエリ、スズメノテッポウ、セトガヤ、ヌカキビ、チゴザサ、イヌビエ、（ケイヌビエ）、エノコログサ、アキノエノコログサ、キンエノコロ、（コツブキンエノコロ）、キシュウスズメノヒエ、シマスズメノヒエ、アメリカスズメノヒエ、メヒシバ、アキメヒシバ、コメヒシバ、オギ、ススキ、コブナグサ、メリケンカルカヤ、セイバンモロコシ、ジュズダマ

【トクサ科】スギナ

2）植　　生

植生調査の結果、次の15種の群落を抽出することができた。

①**ツルヨシ群落**：上流の川岸の砂れき地に多い群落で、被度、群度ともに高く、ツルヨシの純群落となっているところも多い。ツルヨシは貧栄養な土壌の指標植物となっており、ツルヨシ群落の広がる河川は水質が清冽であるといえる。稲渕から岡にかけてはツルヨシが優先する群落が多く見られるが、飛鳥橋の下流では大きな群落が改修工事によって失われた。橿原市内にもツルヨシは見られるが、イヌビエなど他の植物が高い被度で混在するようになる。

②**ショウブ群落**：上流の岩場に見られる群落で規模は小さい。スゲ属の仲間が混じることが多い。岡の県道との交差点付近の岩場に大きい群落が見られる。

③**ミゾソバ群落**：水質地を好む群落で、水田の畦や水路にも多く見られるが川岸の群落は面積が広い。上流から小房町まで川岸に帯状に広く見られるが、その土壌は砂や泥でツルヨシのように礫の多いところには少ない。またミゾソバは好窒素植物といわれ、富栄養な水質の指標種である。家庭排水の流れ込む地点の周辺や橿原市田中町から下流など、水質の富栄養化とともに規模の大きい群落が見られる。花が咲くとピンクのこんぺい糖が一面に敷きつめられているようで非常に美しい。

④**ミゾソバ・イヌビエ群落**：ミゾソバ群落の中にイヌビエ、オオイヌタデ、ホウキギク、アメリカセンダングサなどが存在する群落で、ミゾソバ群落よりさらに富栄養な土壌に分布する。イヌビエの被度は高く、ミゾソバをしのぐところも少なくない。このイヌビエには品種のケイヌビエも含んでいる。

⑤**クサヨシ群落**：稲渕から小房町まで広い範囲にわたって川岸の湿った土壌に分布している。クサヨシは多年草で1年中枯れないが、花が終わって結実した後は勢

いが衰え、ミゾソバ群落に変わっていく。翌春には5～6月を頂点に再び急成長し、橿原市田中町あたりからは川岸に緑のベルトを造る。またクサヨシ群落にはセリが一緒に生育していることが多い。

⑥**カワヂシャ・オランダガラシ群落**：どちらかというと、明日香村雷から下流の流れの緩やかな泥のたまった水湿地に多い。小さな株で冬越したカワヂシャやタネツケバナは、いち早く春の訪れを感じて生長し、春一番の群落となる。うすい青紫色の花は小さく目立たないが、よく見るとなかなかかわいい花である。レッドデータブック近畿にはカワヂシャの名が見られるが、飛鳥川にはまだ数多く分布している。しかし、アブラナ科のオランダガラシとは生育地を奪い合う傾向にあると見られる。オランダガラシ（**写真3-13**）は西洋料理に使うクレソンに近い仲間で、近年急速に分布を広げている帰化植物である。

⑦**セイヨウカラシナ群落**：明日香村雷から下流の土手に多い群落で、一面に黄色の菜の花が咲くのでよく目につく。春、他の植物の生長に先がけて花を咲かせ、5月には結実して枯れていくので、その後はカナムグラやオオブタクサといった、

写真3-13　河川内の堆積土壌に自生したオランダガラシラ

夏の植物の群落に遷移していく。セイヨウカラシナは肥沃な土壌を好むため、富栄養化の指標とされる。食用にもなるが、飛鳥川の環境がその気を起こさせない。

⑧**セイタカアワダチソウ群落**：かつてはいたるところに見られた群落であるが、近年はその勢いが少し衰えてきたように感じられる。飛鳥川の土手には多く見られ秋には黄色い花が美しいが、やはり他の植物の群落内への侵入が多い。春にはヤハズエンドウ(カラスノエンドウ)、オヤブジラミ、ネズミムギが、夏以降はカナムグラ、クズなどのつる植物やクサマオがセイタカアワダチソウの生育空間を脅かしている。特にクズの侵入は著しく増えている。現在、優占度の高い帰化植物もやがては同じ運命をたどると考えられる。

⑨**オギ群落(写真3-14)**：ススキによく似たオギは河川敷や池の周辺に多く見られるが、ススキと区別して見ている人は少ないと思われる。その見分け方は図鑑に譲るとして、ススキが乾燥した土壌を好むのに対し、オギはやや湿った土壌を好む。明日香村内にはオギ群落はほとんど見られないが、橿原市内の飛鳥川の川岸には比較的多く生育している。これも秋になって白い穂が出ると、その存在がよ

写真3-14　オギ群落

くわかるようになる。

⑩**クサマオ群落**：日本在来の植物で、非常に強健なものである。道端、空き地などどこにでも見られ、飛鳥川全域の土手に見られる。コンクリートで固められた部分でもそのすき間から芽を伸ばすほど勢いは強い。毎年、このクサマオには、黄色、オレンジ、黒の柄を持つ毛虫がよく発生する。フクラスズメというガの幼虫である。これが大量に発生すると茎と葉柄しか残らないほどに食べつくされてしまうが、すぐまた回復する力を持っている。

⑪**オオブタクサ群落**：ここ10数年で急速に分布を広げ大きな群落をつくるようになった。オオブタクサは改修工事などで、それまであった群落がなくなったところに侵入しているため、橿原市内の土手または川岸にたいへん多く見られる。オオブタクサは生長の良い個体では高さが2mを優に越え、まるで木本のように見える。しかし1年草であるため、環境が安定し、クズやセイタカヨシなどの在来の多年草が再び勢いをもりかえすと、この群落の存在は続かなくなる可能性がある。また近年、ブタクサハムシという害虫の大量発生も見られる。

⑫**カナムグラ群落**：うっかり短いズボンで川の土手の草むらに入ると、すり傷をしたときのようにひりひり痛むことがよくある。このカナムグラのつるにはとげがあり、それで擦れるとこんなめにあう。飛鳥川の土手には上流から下流まで広く分布しているが、面積としてはあまり広くない。橿原市内では改修が済んでしばらくたった部分に、ヤブガラシやアレチウリ、クズなどとともによく見られる。

⑬**クズ群落**：上流から下流まで広く分布し、土手を覆う植物の中では最も広い面積を占めていると思われる。その勢いは他に及ぶものはおそらくないであろう。つるを他の植物の茎葉の上に伸ばし、大きな葉を広げて圧倒する。土手でクズと対等に競い合って生きていく力を持つものはイタドリとセイタカヨシぐらいである。

⑭**セイタカヨシ群落（写真3-15）**：大型で非常に強い根茎を持つ植物である。かつて飛鳥川下流域の土手はこのセイタカヨシの優占する群落が大部分ではなかったかと想像される。2mを超える群落が川を覆ってしまえば、飛鳥川の景観は台なしになるという考えも理解できる。セイタカヨシが見られるのは、明日香村川原より下流であるが、近自然型工法による改修が進められて、その群落の面積はこの数年で激減し、オオブタクサなどの帰化種の群落に姿を変えてしまった。典型的な群落は非常に被度が高く、セイタカヨシが密に生育している。このような場所

写真3-15　セイタカヨシ群落
大型で非常に強い根茎を持つ植物である。写真右手前はオオブタクサ。

は鳥類の営巣の場所としても利用されている。

⑮**メダケ群落**：セイタカヨシが見られない上流の土手や自然の斜面に見られる。メダケはイネ科の木本で常緑である。したがって、1年中ほとんど変化することがない。夏にはカラスウリがからみついたり、周囲にわずかにイヌビワなどの低木が見られる程度である。根茎が丈夫なため、洪水時に侵食から土手を守るはたらきに優れていると思われる。またここを住み家とする動物も多い。

これらの群落の分布のしかたについては、上流部の典型的な場所として明日香村岡の高市橋周辺を、下流の典型的な場所として橿原市飛騨町の新河原橋周辺をあげ、それぞれ模式図で表したのが図3-8である。

3.2 飛鳥川の生物

4. これからの飛鳥川（「歴史的河川の再生」計画）

飛鳥川には今も多くの生物が生息し、明日香村史(1974)にある記録(表3-3)と比較しても、大きな変化は見出せない。明日香村飛鳥で水生昆虫の種類が減少している程度である。この記録には詳しい記載がないので、当時のようすは推測に過ぎないが、河床には大型の礫が数多くあり、流れの緩やかな深い淵や流れの速い瀬、そして

表3-3　1974年頃の飛鳥川に生息する水生昆虫 (明日香村史)

生物名 \ 調査地点	入谷	下畑	栢森	細川	祝戸	岡	飛鳥
フタスジモンカゲロウ	○	○		○			
トゲトビイロカゲロウ	○						
マダラカゲロウ sp. nay	○		○		○	○	○
マダラカゲロウ sp.	○		○				
コカゲロウ sp.	○		○		○		
フタバコカゲロウ	○						
ウエノヒラタカゲロウ	○						
エルモンヒラタカゲロウ			○		○		
ユミモンヒラタカゲロウ	○						
ノギカワゲラ sp.	○						
オナシカワゲラ sp.							○
アミメカワゲラモドキ sp.	○		○				
オオヤマカワゲラ sp.	○		○				
RAナガレトビケラ sp.		○					
RHナガレトビケラ sp.					○		
イノプスヤマトビケラ			○	○	○		
ヒゲナワカワトビケラ	○		○	○			
ウルマーシマトビケラ	○		○				
シロフツヤトビケラ			○				
ヒゲナガトビケラ sp.	○						
クロツツトビケラ	○	○					
ヘビトンボ	○	○		○	○	○	
ヒメガガンボ sp.			○				
EBガガンボ sp.			○				
ブユ sp.		○					
ムカシトンボ		○					
サナエトンボ sp.					○		
マシジミ					○		
カワニナ		○	○	○	○	○	
ニッポンヨコエビ	○		○	○	○		
ミズムシ					○	○	○
シマイシビル			○			○	
サワガニ	○	○	○	○	○		

第3章 飛鳥川の河川環境

天然河岸が連続して存在したと思われる。生物にとっては、現在よりすみやすい環境であったにちがいない。

環境問題への関心の高まりとともに、川を見直す動きが出てきている。そのとき論じられるのは多くの場合水質である。けれども、もともと上流には上流の河川形態や水質があり、下流には下流特有の河川形態と富栄養な水がある。上流の冷たく清冽な水にしかすめない生物があるのと同じように、下流の温かく富栄養な水を好む生物もある。水質が改善されれば上流域に生息が限られていた生物はその生息範囲を拡大するかもしれないが、水質が現状のままであったとしても生物にとってすみやすい河川形態であれば、極端な汚染でないかぎり下流を好む生物がそこに生息し、下流特有の安定した生態系が形成される。水質の改善については声高に叫ばれ、どこの河川でも人々の関心を高めつつある。しかし、水質だけが改善されてもかつての自然が復活するとは限らない。動物にとっても植物にとっても、そこに生きていくための空間が十分確保されていることが大きな条件となる。昨年、メダカがレッドデータブックに載ったことが話題となった。水田で強い農薬が使用されていた時代をも生きのびたメダカが、今なぜ絶滅の危機にあるのか。それは彼らの主な生息場所である用水路の整備で、いわゆる小川のようすが変わったからである。

現在、飛鳥川において、何種類かの生物は生息域が限定され、その個体数はきわめて少なくなっている。例えばシマドジョウ、カマツカ、ムギツク、ドンコなどの魚類とシジミである。これらはどちらかといえば流れの速いところより、ある程度水深があって、ゆったりと水が流れている砂地の河床を好む。これらの生物は奈良県全体を見渡しても少なくなってきているのではないかと思われるが、その原因は、水質の悪化というよりは改修工事による生息環境の変化にあると考えられる。飛鳥橋付近の改修工事を例にすれば、まず水をせき止め、ブルドーザーによって河床を平面化し、土手に天然石を積んでいくという順序で行われた。この河床の平面化や河床の堆積物の除去の際に、まず移動能力の低いカワニナやシジミなどの動物が死滅してしまうであろう。そして工事完了後も、単調で河床堆積物の安定が悪くなった浅い川にはシマドジョウ、カマツカ、ムギツク、ドンコと言った魚類は戻って来られず、結果としてカワムツやオイカワだけが生息する、きわめて生物相の貧弱な河川になってしまう(写真3-16)。

1999年1月から橿原市内の飛鳥川で行われた改修工事は、河床の堆積物を除去するというだけのものであったが、それまで多く生息していたカマツカ、ムギツク、ド

3.2 飛鳥川の生物

写真3-16　橿原市飛騨町調査地 L
改修工事によって平坦になった河床。きわめて生物相の貧弱な河川になっている。

ンコなどの魚類、シジミ、マルタニシ、カワニナなどの貝類、マダラカゲロウを中心とした水生昆虫が姿を消した。工事が冬に行われたこともあって、冬眠中のクサガメも何個体も踏みつぶされた。その後上流から土砂が流れ込んで河床に堆積し、半年後には川岸に植物が繁茂して見かけは元に戻ったように見える。しかし、2000年夏もこのとき姿を消した生物はまだほとんど見かけなかった。工事が広範囲だったため、生息場所がなくなってしまったことが理由として考えられる。橿原市田中町から小房町にかけては、ムギツクやドンコが生息できるところはごく一部になっている。

明日香村においても「飛鳥川歴史河川再生計画」により、2000年度には飛鳥橋付近で近自然工法による改修工事が完成している。この区間の土手は自然石であったり、階段状の土手であったりと、従来のコンクリートによる改修と比べるとかなり工夫されている。しかしこの工夫も、ここに長くすんでいた生物のためのものというよりは、ここを訪れ、水と親しむ人間のためのものであるという大きな問題を残

している。平らに整地された河床や、生い茂る草のなくなった川岸や土手は人間の目にはきれいに見えるが、これが自然の姿ではないことは確かである。

　飛鳥川の水質は飛鳥に都のあった時代、人口の集中によりかなり汚染されていたと考えられている。しかしその後都が移って清流が復活し、近年に至ったようである。今後下水道の普及率が上がり、明日香村で家庭排水が飛鳥川に流入しなくなれば、水中のBOD、CODなどの数値はさらに改善されるであろう。けれども改修の仕方によって、飛鳥川がただきれいな水が流れるだけの水路になってしまう可能性がある。そして、下水道が完成し家庭からの排水が飛鳥川に流れ込まなくなれば、今より一層水量が減るということも考えられる。特に夏場、少ない水量をどう回復させるかは、飛鳥川にとって大きな課題である。

　6月になると、飛鳥川の上流にはホタルを見に来る人々がたえない。しかし近年、ゲンジボタルの個体数は激減している。その理由は不明であるが、水質の悪化が原因であるとは考えにくい。カワニナもが多く見られる明日香村内は、ゲンジボタルの生息可能な水質を保っていると考えられる。筆者は明日香村豊浦で、ほぼ終齢に近いゲンジボタルの幼虫の生息を確認しているが、近い将来にゲンジボタルがこの地で増えるとは思えない。ゲンジボタルの住み家は水中だけではない。幼虫は蛹になるとき土の土手に穴を掘ってもぐり、成虫は川岸の草地や林の中で過ごす。飛翔力の弱いホタルにとっては川岸に止まり木になる樹木や竹藪も必要である。しかし、このような条件のそろったところは、改修工事後の飛鳥川にはほとんど見当たらない。もはや飛鳥川でのゲンジボタルの増殖はかなり難しいことのように思われる。

　2000年秋、改修を終えたばかりの飛鳥橋付近の河床は平面的で単調になっているが、今後長い時間をかけて早瀬や淵が形成され、自然の河川形態に戻っていくことが予想される。そこには水生昆虫の住み家である大形の礫が数多くあり、その表面には餌となる藻類が付着しているであろう。そうすればゲンジボタルだけでなく、多くの水生昆虫やそれを食べる小動物も集まり増えるはずである。さらに、川岸や土手には土砂が堆積し、帰化植物に代わってセイタカヨシ、ツルヨシ、ネコヤナギといった、在来の植物の群落も復活すると思われる。そのようすを見て、荒れ地になったと見るか、安定した環境になったと見るか、できることならば飛鳥川の住人である生物たちに意見を聞きたいものである。

　これからも飛鳥川の改修は上流に向かって進められるであろうが、ゲンジボタルが乱舞するような飛鳥川になるかどうかは、この改修工事と今後の管理にかかって

いるといえる。どの観点にたって、どんな改修を行うか、前に行われた個所の成果を時間をかけて調査し検討して、私たちがより多くの生物と触れ合える魅力ある河川空間にしてほしい。それが本当の「歴史河川の再生」ではないかと思う。

参 考 文 献

江崎保男・田中哲夫（1998）：水辺環境の保全、朝倉書店
玉井信行・奥田重俊・中村俊六（2000）：河川生態環境評価法、東京大学出版会
水野信彦・御勢久右衛門（2000）：河川の生態学、築地書館
川合禎次 編（1988）：日本産水生昆虫検索図説、東海大学出版会
岡崎博文（1997）：カゲロウのすべて、トンボ出版
レッドデータブック近畿研究会（1995）：近畿地方の保護上重要な植物
明日香村（1976）：明日香村史
御勢久右衛門（1982）：自然水域における肉眼的底生動物の環境指標性について、文部省「環境科学」研究報告集B－121－R12－10

第4章

森とくらし

4.1　森のめぐみと人間

1. 飛鳥、里山の現状

(1) 人間生活と自然環境

　私の住まいのすぐ前には石舞台古墳があり、後ろには飛鳥川が流れている。50年以上古墳を眺め、川のせせらぎを聞いて暮らしてきた。私がわんぱく坊主の頃(40年以上も前のことだが)、川ではハイジャコ、アカモチ、ドジョウ、ゴロキン、カニなどをとって遊んだ。また、乱舞するホタルを追いかけたものだ。しかし、今は川の生物が少なくなり、たくさんのホタルによる優雅な光の舞は観られない。石舞台古墳周辺は水田や湿地であり、カエルやイモリなどのたくさんの生物が生息し、蝶が舞い、多くの種類のトンボを観ることができた。そんな中でわんぱく坊主たちは、時の経つのを忘れて遊んだものだった。

　明日香の遺跡や遺構は、人間の生活環境の中に包み込まれていた。亀石は、水田の中にぽつんとあり、その際まで稲が迫っていた。酒舟石は、竹やぶの中で静かに隠れていた。

　私が実感として持っている明日香の姿は、現在のように整然と整備されたアスファルトの臭いが満ちあふれたものではない。もっと緑が多く、田植え時季には水や土の匂いがし、秋には豊穣の香りがするものである。まさに、私の脳裏に刻まれているのは明日に香る村である。

　昭和41年4月に施行した「古都保存法」により、故郷・明日香の姿は急速に変貌してきた。平成3年総理府は、明日香村をわが国の律令国家体制が初めて形成された時代の政治の中心地域であるとともに、飛鳥文化が開化した時代の舞台となった地域であるとした。そして、明日香にいまなお残る歴史的風土を将来にわたって良好に保存するため、各種の保存施策を進めるとともに、歴史的風土保存施策による種々の制約下でも住民生活がよりよいものとなるよう、公共投資が行われているとした(総理府、1991)。しかし、この見解の中には、自然環境と人間生活にふれた内容はほとんどなく、文化財とそれを取り巻く歴史的景観と人間生活の調和に重点がおかれた内容になっている。

　明日香は、遺跡や史跡を中心に整備され、しだいに人工的な環境の中で生活する割合が高くなってきている。歴史的景観とは、いったいどのような景観をいうのだ

ろうか。私たちは、明日香でいう歴史的景観を次のように考える。水田（二次的自然環境）や周囲の山々とその中に存在する河川・里山の自然環境が遺跡・史跡を包み込み、人間のさまざまな活動と共存している状況であること。

　秋になると、水田の畦道は真っ赤な絨毯を敷きつめたように曼珠沙華が咲き誇る。明日香の景観である。曼珠沙華は、大陸から移植された植物としてよく知られている。飛鳥の文明をもたらした大陸の人々が、デンプンを供給するために持ち込んだとされている。このことを一つ取ってみても、自然と人間関係を考慮することなく明日香の景観を語ることはできないだろう。

（2）森のめぐみ

　明日香は、山に囲まれ森や里山から多くのめぐみを受けてきた。前章で述べられている甘樫丘は、まさにその代表であり果樹類・竹などが最近まで栽培されていた。飛鳥川の上流、稲渕や栢森まで行くとイノシシよけのネットが畑に張ってあったり、ニホンザルもたまに観られる。開発が進んだ現在においても、多くの哺乳類が観られる。

　私は、後でも述べるが「飛鳥蹴鞠」の復元を行った。蹴鞠の鞠は、鹿皮で製作されていた。鹿は、当時明日香地方にも生息しており、森は豊かであったことが想像できる。

　かつて人類は、もっと自然に対して謙虚であり真摯であったはずである。人々は森羅万象の姿を「神」と賞詞、作物・獲物などは自然からの授かり物として大切にあつかった。森は、人間生活に不可欠なものであり、森との共存こそ人間が生きのびる手段であった。

2．染色にみる森と人間

　ここでは私が多少かかわってきた染色技術をとおして、古代から森が与えてくれた多くの恩恵を再認識し、これからの森と人間の関わり方を考えてみることにする。

（1）古代の染色

1）染色の歴史

　天然染料による染色は、有史以前に人類が織物を作り出した頃から始まったと考えられる。インド木綿の茜染め（紀元前6000年）、エジプトで発見された紅染め・藍

染め(紀元前1000年)、中国の黄蘗(きはだ)・梔子(くちなし)染め(紀元前1000年)などは、当時の文明を推定するための重要な手掛かりとなっている(中川ほか、1987)。

　日本における染色技術の発展は、生活文明と同様に中国の影響を強く受けている。縄文・弥生時代には、黄土染め・泥染めなどの原始染色である泥漬けが行われていた。飛鳥・奈良時代には冠位制の実施で、冠位により冠・服ともに色が分けられた。冠の色は紫、青、赤、黄、白、黒の濃淡であり、この染色技術は中国や朝鮮からの帰化人により普及した。平安時代には外来技術の日本化に伴い、貴族の間に日本の色が生まれ始めた。鎌倉・室町時代になると明国や南方との貿易が盛んになり、ウコン、ガンビアなどの輸入も始まり、多くの色相が生まれた。江戸時代には、侘びや寂の影響により茶系や鼠色系の渋い色相が流行した。また、藩の財政のために天然染料の生産に力が注がれた。阿波の藍、最上の紅花などは有名である。

　明治時代になると、ヨーロッパにおける合成染料の発明や日本への輸入に伴い、合成染料が使用され始めた。昭和時代には、合成繊維や合成染料の発明・発展に伴い、取り扱いやすく経済的な合成染料が盛んに使用され、天然染料はほとんど使用されなくなった。**表4-1**(佐藤、1999)には天然繊維素材の分類を、また、**表4-2**(佐藤、1999)には染料と顔料の分類を示した。

表4-1　天然繊維素材

植物繊維		
靭皮繊維	大麻、苧麻、亜麻、黄麻など	
種子繊維	木綿など	
葉脈繊維	マニラ麻など	
果実繊維	椰子	
動物繊維		
獣毛繊維	緬羊毛	メリノなど
	山羊毛	山羊、カシミアなど
	駱駝毛	ラクダ、アルパカなど
	その他	馬、ウサギなど
絹繊維	家蚕	
	野蚕	柞蚕、天蚕など

第4章 森とくらし

表4-2 染色と顔料

染　料：水溶性の有機物質		
天然染料	植物色素（藍、茜、紅花など）	
	動物色素（貝紫、コチニールなど）	
合成染料	アゾ染料、バット染料、ナフトール染料など	

顔　料：水や油に不溶性の粉体		
無機顔料	天然鉱物（鉛白、群青など）	
	合成物質（チタンホワイトなど）	
有機顔料	合成物質（フタロシアニンなど）	

2）泥漬け

　古代に行われていた泥漬けは有色の粘土、または無機物の泥の中に糸や布を漬け込むことである。あるいは塗り付けるだけの彩色法である。これらは染色とはいえないが、漬け込みの繰り返しと時間の経過が着色物の濃度を上げ、かなりの濃さの着色布が得られる。これらの着色布は水洗してもあまり色落ちせず、無機物であるから耐光性にも優れており、実用性の高いものであった。

　この有色金属化合物の吸着機構については、

　a．泥の中の水溶性金属は、金属イオンまたは錯イオンに解離していると考えられ、媒染剤としての働きをする。

　b．水不溶性の極めて微細な粒子は繊維の非晶領域内に入り込み、少し大きい粒子は撚糸の隙間や布の織り目に挟み込まれ、そこに留まっている(物理的吸着)。

　c．有色金属化合物が繊維を構成する高分子との間に強い親和力を有する(化学的結合)。

　d．繊維の表面に形成される被膜の中に有色金属が包含される(被膜内顔料)。

　などが考えられる(木村、1990)。

　c．の例であるが、鉄イオンやクロムイオンなどは多配位で強い配位能を有する。このため、それらの化合物は水中で水分子を配位子とする水和物を生成する。その中の水に溶解するものとの間に平衡が形成される。この水に溶解した分子が繊維に対して強い親和力を有しておれば、繊維の非晶領域内あるいは表面にある水酸基などの極性基と配位結合を形成する。

　d．の被膜形成については、ベントナイトと呼ばれる粘土は二酸化ケイ素とアルミナが主成分である。水中では水和して10倍以上に膨張し、コロイド状になって繊維、

特に絹の表面に安定な薄い被膜を形成する。これらの分子中に遷移金属イオンが結合すれば有色被膜が得られることになる。

泥漬けに使用された代表的なものを次にあげる。

黄土と赤土：黄土や赤土は、酸化第二鉄を含んだ粘土鉱物のことである。粘土鉱物は長石および石英の風化した極めて微細な粒子の集合体であるが、この粘土鉱物に酸化第二鉄が混入した黄色および赤色を呈しているものである。

辰砂(朱砂、丹砂)と鉛丹：辰砂は硫化第二水銀が主成分で、朱あるいは丹と呼ばれている。有毒で、水銀の原料、また朱色の顔料として古くから用いられてきた。中国辰州産のものが高品質であったことから辰砂と名付けられた。鉛丹は四酸化三鉛で、光明丹あるいは赤鉛とも呼ばれる明るい赤色の顔料である。丹というと鉛丹の方を指す場合があり、神社仏閣の丹塗りに使用された。また、鉛華の名で化粧品としても用いられた。

これら古代の顔料と考えられているものを表4-3(木村、1999)に示した。

表4-3 古代の顔料

	壁画などに使用されたもの	泥漬けに使用されたもの
黒	炭、黒色鉱[a]	墨汁
白	白粘土（白土）	白土
赤	赤土[b]	赤土 朱砂[c]
黄	黄土[b]	黄土
緑	孔雀石[d]	緑青（石緑）[d]
青	藍銅鉱	紺青（空青）[e]

[a] マンガン鉱など、[b] 酸化鉄の一種、[c] 硫化水銀、
[d] 塩基性炭酸銅と水酸化銅の混合物、粉砕したものが緑青、
[e] 孔雀石より炭酸銅成分が多いもの、粉砕したものが紺青

第4章 森とくらし

3）摺り込み

摺り込みは、植物の花弁や葉を揉んで被染色物に押し付けるか、擦り付けて乾燥する極めて簡単な方法である。この方法に使用された植物が、幾つか万葉集や他の和歌集に登場する。ヤマアイは、皇室の大きな行事である大嘗祭や新嘗祭などの際に用いる小忌衣（おみごろも）の摺り込みに使用されている。

摺り込みの方法は、現在の引き染めや型染めに似ているが、色素類は布の表面に吸着しているだけであるので、水洗すれば大半のものは色落ちする。このことは、「月草にころもは摺らむあさ露に濡れてののちはうつろひぬとも」（古今和歌集、巻4・247）と古歌にうたわれていることからも明らかである。これらの色素はアントシアン類が多いので耐光堅ろう度が低く、日光に曝されればたちまち色褪せるというものである。

アントシアン類は、花の色や果物、野菜類の赤色から青色の色調の大部分を占めている。塩基性染料と同様のカチオン性である。鮮明度は高いが、日光堅ろう度は非常に低い。水によく溶け、pHが低いほど安定である。pHの僅かな変化によって色調が異なり、アルカリ性で分解しやすい。摺り込みに使用された植物を表4-4（木村、1999）に示した。

表4-4 摺り込みに使用された植物

植　物　名	主　色　素	色　調
カキツバタ（杜若） アヤメ科	エンサチン アントシアン類	赤紫
カラアイ（韓藍）[a] ヒユ科	アマランチン ベタシアニン類	赤
コナギ（小水葱） ミズアオイ科	アントシアン類 ＋フラボン類	濃青
ツキクサ（月草）[b] ツユクサ科	アオバニン アントシアン類	青
ツチハリ（土針）[c] シソ科	クロロフィル	緑
ハギ（萩） マメ科	マルビン アントシアン類	赤
ヤマアイ（山藍） トウダイグサ科	クロロフィル	緑

現在名：[a] ケイトウ（鶏頭）、[b] ツユクサ（露草）、[c] メハジキ（益母草）

ツキクサ(現在名・ツユクサ(露草))：古名は月草または鴨頭草とも書き、ツユクサ科の一年生草木である。夏に小さな青紫色の花を付け、この花弁を取って布に摺り込むと青色が得られる。主色素はアオバニンであり、日光堅ろう度は低い。『古歌に失せやすいもの、移ろいやすいもの』の枕詞として使用されている。

カラアイ(現在名・ケイトウ(鶏頭))：古名は韓藍、辛藍または鶏冠草と書く。ヒユ科の一年草で、主な色素はアマランチンである。花弁を摺り込むと赤色が得られる。

カキツバタ(現在名・カキツバタ(杜若))：アヤメ科の多年草である。主な色素はエンサチンであって、摺り込みによって赤紫色になる。

ヤマアイ(現在名・ヤマアイ(山藍))：藍染めに用いられる蓼藍(タデ科)や琉球藍(キツネノマゴ科)、印度藍(マメ科)などとは異なる。ヤマアイはトウダイグサ科の多年草であり、インジゴは生成しない。ツユクサなどと共に摺り込み用の代表的な植物として用いられてきた。主な色素はクロロフィルである。摺り込みによって青色が得られる。

4）浸染と媒染

浸染や媒染の方法がどのようにして発明されたのかは明らかでない。当時、薬草(現在の漢方薬)は、多くが煎じてその溶液(薬効成分の抽出液)を使用していた。あるとき、溶液が布に付着して着色した。それらの中で、水洗しても色素の落ちないものが、天然染料として使用されるようになった。それらは、染浴を加熱しながら布を浸漬するとよく染着することから、炊き染めといわれる浸染法となった。さらに、灰汁を掛ける(媒染する)ことによって、色調が変化することや染色堅ろう性が向上することなどが発見された。

現在でも漢方薬と天然染料とは大部分が重なり合っている。また、浸染と媒染の方法はほとんど当時のそのままで、今日まで伝承されている。表4-5(木村、1999)に染色方法による染料植物などの分類を、表4-6(木村、1999)に媒染剤として使用されてきたものを示した。表4-6に示した灰汁は、いずれもケイ酸カリウム($K_2O \cdot nSiO_2$)を主成分とするアルカリの一種である。これらは、主として後処理することにより色素分子を不溶化し固着させる。紫根と茜染めは、灰汁の先付け(先媒染)が行われる。これは、何十回もの繰り返しによって灰汁中の微量のアルミニウムイオンを繊維に吸着させ、金属イオン媒染の効果を得ている。

金属イオン媒染剤は、多価金属イオンが繊維および色素分子の特定位置を配位座

として配位結合することによって色素を固着させる。一般に、金属イオン媒染によって色調は深色側に変化し、染色堅ろう度も向上する。

表4-5 染色方法による染料植物などの分類

浸染	煎出	先媒染	紫根、茜	
		後媒染	梔子、苅安、楊梅、蘇枋、櫨、橡、石榴、ウコン、櫟、丹殻、檳榔子、槐、大黄、五倍子、車輪梅	
		無媒染	コチニール、黄蘗、黄蓮	
	水溶性の形に変化させて吸着		アルカリ溶解	紅花
			還元	藍
摺り込み	繊維の上で色素を生成させる		貝紫	

表4-6 媒染剤

アルカリ媒染剤	
灰汁	椿灰汁（椿、榊など）、早稲藁灰汁、辛灰汁（櫨、楢、櫟など）、真木灰汁（杉、檜など）、その他
その他	石灰水
金属イオン媒染剤	
アルミニウムイオン	可溶性酢酸アルミニウム、硫酸アルミニウム、カリ明礬、塩基性明礬など
クロムイオン	酢酸クロム、重クロム酸カリウム、塩基性クロム
鉄イオン	硫酸第一鉄、塩化第一鉄、木酢鉄 硫酸第二鉄、塩化第二鉄、木酢鉄
銅イオン	酢酸銅、硫酸銅
スズイオン	スズ酸ナトリウム、塩化第二スズ

(2) 草木染め
1) 草木染めの特徴

　天然染料には、鉱物染料、動物染料、植物染料がある。鉱物染料は鉱物カーキーに代表されるように、水溶性鉄塩を水酸化ナトリウムで処理して、水酸化鉄を繊維中に定着させる。ただ、色相は限定される。動物染料には数種あるが、貝殻虫系のラックやコチニール、貝の内臓から採れるチリアンパープルなどが有名である。それにひきかえ、植物染料には非常に多くのものがあり、草木染めに使用される天然染料は植物染料が主体である。

　草木染めの特徴は柔らかい自然な色相である。また、内服薬としてのような薬効を期待することはなかったと考えられるが、茜、藍、ウコンなどで染色されたものは、防虫・殺菌作用があるといわれている。

　古代の染料植物には、苅安、梔子(クチナシ)、櫨(ハゼ)、黄蘗(キハダ)、茜、紅花、蘇枋、紫草、藍、橡(ツルバミ)、櫟(クヌギ)、石榴(ザクロ)、楊梅(ヤマモモ)、栗、杉、檜、梅がある。これらの中で、漢方薬として現在も用いられているものに梔子〔生薬名：山梔子(サンシン)〕(消炎、利尿)、黄蘗〔黄柏(オウバク)〕(健胃、整腸、消炎)、茜〔茜草(センソウ)〕(通経、解熱、止血)、紅花〔紅花(コウカ)〕(産前・産後)、紫草(火傷、湿疹)、栗(漆かぶれ、火傷)、石榴〔石榴(セキリュウ)〕(口内消炎)、楊

表4-7　天然色素の主な分類

大分類	小分類	色素を含む天然物の例	色調の範囲
カロチノイド	カロチン キサントフィル	ニンジン、カボチャ 唐辛子、サフラン、梔子	黄～橙 黄～橙
クロロフィル		緑葉	緑
フラボノイド	フラボン フラボノール アントシアン カルコン オーロン	苅安、パセリ 玉葱、楊梅、櫨、槐 紫蘇、苺、赤大根、露草 紅花 ダリヤ、金魚草	黄～茶 黄～茶 赤～青 赤～赤紫 黄～橙
キノン	ナフトキノン アントラキノン	紫草 茜、コチニール	赤紫～青紫 黄赤～赤紫
ポリフェノール	タンニン	五倍子、栗、樫、梅	茶～黒
インドール	インジゴ	藍、貝紫	青紫～青
その他	ベンゾピラン アルカロイド ジケトン	蘇枋 黄蘗 ウコン	橙～赤紫 黄～茶 黄

梅〔楊梅皮(ヨウバイヒ)〕(消炎、整腸、疥癬)、梅(疲労回復、風邪)がある(佐藤、1999)。表4-7(木村、1990)に天然色素を分類して示した。

2）ハーブ染めの特徴

ハーブとは、草木類の中でも薬用、香用、料理、染料などに利用されてきた香草類の総称とされている。ハーブ染めは「草木染め」の中でも、特に香草類による染色であり、5000年前の中国ではすでに実施されていた(中川、1987)。ハーブ染めの原料としては多くの植物があるが、ミント染め、ラズベリー染め、オニオン染め、茜染め、パセリ染めなどが有名である。

ハーブ染めは、草木染めと同様に柔らかい自然な色相に特徴がある。しかし、次の欠点もある。

原料は不均一である：同一種類であっても、天候条件、産地(土壌)、採集時期などにより異なる。

染色堅ろう度は低い：ハーブ類、染色法、媒染剤の種類により異なるが、合成染料に比べて一般的に劣る。

染色再現性は良くない：染料原料の不均一性に加え、染色法にも秘伝的な部分もあり悪い。

染着性は素材により異なる：絹や羊毛などのタンパク質繊維には優れているが、綿や麻などのセルロース系繊維には劣っている。

3）媒　染　剤

天然染料は、絹や羊毛のようなタンパク質繊維にはよく染着する。媒染は、染色堅ろう度の改善や多種の色相表現という目的で行うことが多い。しかし、天然染料の綿や麻などのセルロース系繊維に対する染着性は低いので、染着性を上げるために媒染と染色を繰り返すのが一般的である。媒染剤には灰汁、鉄漿、明礬がある。

灰　汁：灰汁は植物の灰を水に溶かした上澄み液である。植物の種類、作り方により成分が異なる。古代から最も一般的に使用されているのが、稲藁や椿、真木などから作った灰である。稲藁の灰汁は、完全に燃えてしまった白い灰ではなく、黒いうちに火を消した灰から作る。これを早稲藁灰汁と呼んでいる。椿灰汁は椿や榊の灰から、また真木灰汁は杉や檜の灰から作る。灰汁の成分は、アニオンとしてケイ酸イオンおよび硫酸イオンと、カチオンとしてナトリウムイオンおよびカリウムイオンである。さらに、微量のアルミニウムイオンや鉄イオンなどが含まれる。灰汁のpHは早稲藁灰汁が9〜10、椿灰汁が10〜11である。

鉄　漿：鉄漿は、鉄を長く水に浸して得る黒い液である。鉄漿の作り方は、鉄と酢を用いて短時間で作る速成法と、鉄と粥から時間をかけて作る熟成法がある。黒に染めることは現代でも非常に難しい。それで、古くは黒色に染めるのに墨が使用されたこともある。天然染料で黒色に染めるためには、タンニンを鉄イオンと結合させるしかない。これは、鉄分を含んだ泥による作用から発明された方法と考えられる。

明　礬：明礬とは、普通カリ明礬をいう。カリ明礬以外のものにクロム明礬、鉄明礬がある。カリ明礬の媒染剤としての作用は、アルミニウムイオンによる配位結合である。

緑　礬：緑礬は、硫酸第一鉄、丹礬は硫酸銅、礬土は硫酸アルミニウムである。茜と媒染剤の反応については、茜はアントラキノン系色素であり、アルミニウム系媒染剤と反応して錯化合物を形成し、染色堅ろう度が改善される。

代表的な草木類と各種媒染剤の組み合わせによる色相変化を、表4-8（中川、1987）に示す。

表4-8　天然染料と媒染剤の組み合わせによる色相変化

天然染料 （草木類）	媒　　染　　剤				
	アルミニウム	銅	クロム	鉄	スズ
山桃	黄茶	金茶	金茶	茶	黄
蘇枋	赤	茶	紫	鼠	赤
五倍子	ベージュ	茶	茶	茶鼠	ベージュ
一位	赤味肌色	赤銅	薄赤	紫赤	薄赤

表4-9　先媒染剤と後媒染剤の比較

先媒染法 　　媒染－水洗－染色－水洗－乾燥 （必要に応じ媒染－水洗－染色－水洗を繰り返す）
後媒染法 　　染色－水洗－媒染－水洗－乾燥 （必要に応じ染色－水洗－媒染－水洗を繰り返す）

　イ）染色濃度は先媒染法が高い。
　ロ）均染性は後媒染法が優れる。
　ハ）染色性は綿や麻より絹や羊毛の方が優れる。

4）草木染めの方法

草木染めの処方例を簡単に記述する。

染色液の調製：草木類の葉、皮、枝、根などを細かくし、水に漬けた後、20〜30分間ほど煮沸して煮汁をとる。これを数回繰り返し、煮汁を染色液とする。

煮染め：染色液に糸または布を浸し、10〜20分間加熱し、煮染めする。煮染め後、染色液が冷えるまで放置する。

媒　染：媒染剤を含む液に、煮染めした糸や布を30分間ほど浸漬した後、水洗する。

以上が1回の染色工程である。

煮染め、媒染を何回も繰り返し、目標とする濃度にする。

媒染剤は、必要とする色相により、アルミニウム、銅、鉄、スズなどの薬剤を使用する。

上記方法は草木染めの基本である。厳密にいえば、染色法は草木類により異なる。

表4-9（中川、1987）に先媒染法と後媒染法の比較を示す。

3. 皮革工芸にみる森と人間

有史以前から人間は、森に生息する動物をタンパク源として利用してきた。廃棄物として残る皮の利用をとおして、古代の技術を考察し、これからの技術と共に森との関わり方を考えて見よう。

（1）皮革の利用

1）森の動物の利用

食料として利用した後、廃棄物として残る皮は、衣類や敷物として利用していた。生皮（きかわ）は、水分が極めて多く、また各種のタンパク質が存在しているため、生皮の状態では、微生物、自己分解酵素、化学的加水分解などの作用で腐敗しやすい。これを防ぐために、最初は単に皮を剥いで乾燥させるだけであったが、皮の弾性という重要な特質が失われてしまう欠点がある。そこで考えられたのは、生皮を乾燥させながら揉むことによって、生皮の柔軟化をはかるという方法であった。

また、煙で燻すことにより腐らない皮にし、さらに、動物の油脂を塗るあるいは摺り込むなどして柔軟にすることを発見した。いわゆる煙鞣しであり、煙と油脂の混合鞣しである。その後、着色を目的として植物の汁に漬けたが、ある時間が経過すると腐らない皮になることを発見した。それは、植物の樹皮抽出液に含まれてい

るタンニンによって自然に鞣され、以前よりも優れた皮が得られた。これが植物タンニン鞣しである。これらはいずれも紀元前に実施されていた方法である。

2）鹿と大和朝廷

古代のわが国では、鹿は最も広い範囲で生息し、そして狩猟に適していた動物である。大和朝廷(奈良時代)の頃、鹿、カモ鹿、猪、熊などの皮類は「弓はずの調」と称され朝貢の重要な品目であった。古くから伝えられてきた甲冑、武具、馬具、衣類などには鹿革が多用されている。甲冑の製作には、鉄製から革製へと、奈良時代の末期に大きな変革があった。重くて製作の困難な鉄製の甲冑から、軽くて耐久性と防備力があり、製作が容易な革製の甲冑へと移行した(長瀬、1992)。硬さを必要とする部分には、鉄に変わり牛の生皮(生皮を乾燥すると飴色の硬くて極めて強靭な革が得られる)が充てられ、柔軟性を必要とする部分には鹿革が使われ、目的に応じて多種類の革が使用されている。

古代から中世、そして近世にかけて甲冑・武具の様式上の変化は著しい。しかし、その基礎素材である革の使用割合は鉄より多いと記録されている。平安時代に編修された延喜式(黒板、1937)によると、皮革を生産した国名が多くあげられ、その種類に鹿皮、牛皮、馬皮、猪皮、羊皮、鮫皮、狸皮などの品名が見られる。これらのうちで、鹿皮は各地で多量に生産されていた。

3）日本の伝統革

日本の伝統革と呼ばれる代表的なものに、印伝(いんでん)革と姫路革がある。印伝革は甲州印伝革ともいう。鹿皮を脳漿鞣しした後、その革を稲藁で燻してから漆加工した革である。

製造方法は、鹿皮を用い、毛と共に表皮を取り除き、熟成させた牛の脳漿を摺り込み、乾燥させながら揉みと引き伸ばしの繰り返しにより皮繊維を揉みほぐし、柔軟な白い革(白革)にする。この白革を着色と保存のために燻しを行い、漆を塗って仕上げる。この革は財布、バッグ、袋物、小物入れなどに加工されている。

現在は脳漿は用いられず、ホルムアルデヒド鞣しにより白革が作られ、燻しまたは染色され漆仕上げされる。伝統的な製品以外にファッション用にも使用されている。鹿皮をホルムアルデヒドで鞣した白革の藍染め革は、紺革として剣道用の革に使用されている。また、白革を稲藁で燻し、柑子(こうじ)色にした革は弓道用の革になる。

一方、姫路革は姫路白鞣し革といい、古くは白靼(はくたん)、古志靼(こしたん)、

第4章 森とくらし

越靼(こしたん)、播州靼(ばんしゅうたん)ともいわれた。この鞣し法は江戸時代の中頃、出雲国の古志村から伝えられ、古志靼、越靼の呼び名の由来になったといわれている。牛皮を原料皮とする油鞣し革である。特徴は、近代的な酵素による脱毛を、川漬けという形で行っていることにある。

製造方法は、牛皮を用い、川漬け、脱毛、塩入れ、菜種油による油入れなどの工程を経て、天日乾燥と足揉みの繰り返しによって、皮繊維を揉みほぐして仕上げる。淡黄色を帯びた白い革で、強靭で柔軟な革である。古くは武具に用いられたが、現在は財布、袋物、ぞうり、バッグ類などに加工され、姫路の特産品になっている。

(2) 革の製造

1) 鹿皮の鞣し

「万葉集」には鹿を猟によって捕獲し、鹿の毛皮を衣服に使用している様子が歌われている。また、奈良時代の末期には革造りが盛んに行われていた。「延喜式」の「内蔵寮」に、皮の鞣し技術について記載されている。

鹿皮については、

　　鹿皮一張。除毛曝涼一人。除膚完浸釋一人。

　　削暴和脳槎乾一人半。

　　染皂革一張。焼柔燻烟一人。染造二人。

とある。

牛皮については、次のようになっている。

　　牛皮一張。除毛一人。除膚肉一人。

　　浸水潤釋一人。曝涼踏柔四人。

　　染皺文革一張。採樫皮一人。

　　合和麹鹽染造四人。

これらの高度な鞣し技術は、渡来人である狛人、百済人、新羅人により伝えられ、この人たちが鹿革と牛革を造っていた。鹿皮の表皮を削り落とし、熟成した脳で鞣す(脳漿鞣しという)。そして、この革を焼鏝で焼き、柔らかくし、生地造りをした後、燻したり、染めたりする。この技術は新しい技術として普及し、主に甲冑、武具、馬具などが造られた。

江戸時代の「止戈枢要」(文化11年、1814)に「揉皮ニハヤワラト云モノヲ引ケバ色能ク白ナリコワキ処ナク柔ラニ成ル、ヤワラト云ハ鹿ノ脳ミソヲ腐ラセタル物ナ

リ」とある。

　この鹿皮の脳漿鞣しは、最良の技術であったため、「延喜式」にある方法が少しも変化せず、昭和40年中頃まで鹿皮の鞣しに使用されていた。

2）革の染色

　革の染色も、天然染料による繊維の染色と大きな差はなかった。革の染色は、煙による染色の他に、天然藍による染色は、鹿革にも応用され、甲冑、武具、馬具などに用いられていた。

　現在の藍染めといわれている武道具用革は、インジゴを用いて染色されている。

　一般にインジゴによる染色は、ハイドロサルファイト建という方法で、ハイドロサルファイトと水酸化ナトリウムにより、pH 12～13の範囲でインジゴを還元溶解させ、インジゴロイコ体の状態で染色に使用されている。インジゴは、このインジゴロイコ体が空気中で酸化されることによって、インジゴに戻り藍色になる。この方法で使用される水酸化ナトリウムは革を弱くするので、革の染色には水酸化カルシウムを用いる。

　鹿革のインジゴ染色は、革が目的の色濃度に染まるまで、染色槽への浸漬と自然酸化を繰り返す手間のかかる伝統技法で行われている。写真に稲藁の煙で染色された鹿革（写真4-1）と、インジゴで染色された鹿革の製品を示した（写真4-2）。

3）物作り実践例

　地域での物作りについて紹介する。昔の技術の再現と、昔使用されていた素材に現代技術を応用した事例である。

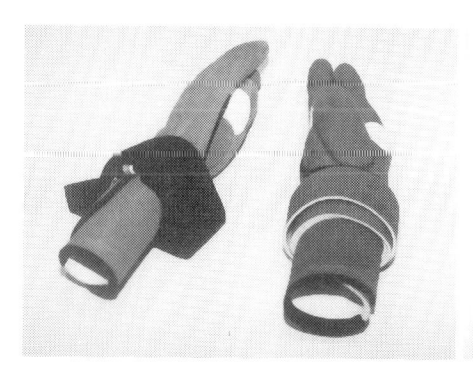

写真4-1　弓道具手袋
鹿白革の燻し革と燻し革のインジゴ染色革を使用。

写真4-2　剣道具手袋
鹿白革のインジゴ染色革と捺染革を使用。

第4章　森とくらし

a．飛鳥時代の蹴鞠の再現

　蹴鞠が中国から日本に伝来したのは6世紀ごろといわれている。蹴鞠は用明天皇の崩御（587年）で、悲嘆にくれていた息子の厩戸皇子（聖徳太子）を慰めようと始められた（明日香村文化協会、1995）。発祥地の中国では、戦国時代（紀元前403年～紀元前221年）にはすでに、流行していた。これは、もともと軍の兵士の鍛錬を目的とするものであった。戦場では食料の不足や、あらゆる苦難に耐えて武力を発揮しなければならない。このため、体力や武術を鍛えることは非常に重要であった。このようなことから、伝来した当時の「飛鳥蹴鞠」は、平安時代に貴族が行った優雅なものとは違い、武力の鍛錬を目的とする「動きの激しいスポーツであった」と推察される。したがって、再現にあたっては優雅なものとは違うゲーム形式のものが考案された。

　史実を基に再現されたものは、18m四方のコートに4人ずつに分かれた2チームが入り、4mの高さに張られたロープを越せば1点が入るサッカー形式のものや、4人で輪になり、高く鞠を蹴り続ける遊びなどである。

飛鳥宮廷蹴鞠の鞠作り：平安朝には飛井流と難波流の家元があった。その家元の鞠の作り方（明日香文化協会、1995）を参考にして、飛鳥の宮廷蹴鞠の独自な鞠を想定し、創り出すことにした。鞠は鹿皮でできており、その直径は18～20cm位で、目方は140～160g位であったと考えられる。

　「鞠を作る方法は、生の鹿皮を2枚重ね、円形を描き、その線に沿って、鏨で1～1.5cmの切り目をつける。次に、馬の皮で作った腰皮で綴じ合わせて鞠を作る。腰皮の幅は、切り目よりも何れも1.5cm広くとり、2回まわして仕上げる。腰皮の近くに約5cmの穴をあけて、穴より大麦をつめて十分に膨らませ、丸く形を整えた後、ふのりの液を布につけて鞠全体をこすりながら、汚れを拭き取る。乾燥したところで膠を引き、その上に卵の白身を引いて、艶付けをし、大麦を穴より取り出す。これを生地鞠という。膠の液に鉛白を練り合わせて、刷毛で塗り、卵白を練り合わせて、刷毛で塗り、卵白を引いて仕上げるのが白鞠である。」

　このような記述を参考にして、鞠作りを行った。

　鹿皮は、国産の鹿皮原皮が入手し難いため、中国から輸入されている乾燥鹿皮を用いた。この鹿皮は、近世にはすでに輸入されていた「こびと鹿皮」といわれるものであり、奈良公園の子鹿くらいの大きさである。

写真4-3　飛鳥蹴鞠（再現製造）

　まず、乾燥鹿皮を水に漬けて、生皮の状態になるまで柔らかくする。次にその皮を、現在の技術であるフレッシングマシンという機械で、フレッシングという作業を行った。この作業は、皮についている毛と脂肪分などの、革に仕上げるために、皮以外の不要なものを取り除くことをいう。この作業で得られた皮は、ほぼ革にするためのコラーゲンだけになっている。このフレッシング皮を、生の鹿皮として使用した。ふのり、膠、卵白などは入手可能で問題はない。しかし、白鞠にするために用いる白色の顔料である鉛白（炭酸鉛）は有毒であるので使用できない。そこで、安全な白色顔料である酸化チタンを用い白鞠にした（写真4-3）。

b．魚の皮の利用

　寒帯地方の人々は、海獣やサケの皮で、衣類や靴それに舟などを作っていたことが知られている。わが国では、江戸時代にネコザメ皮や真球ザメ皮（両方ともに南方から輸入）あるいはアイザメ（紀伊半島付近などの深海に棲息）皮が利用されていた（高橋、1957）。これらのサメの皮は刀の鞘に加工され、サメ鞘といわれて武士に愛用された。

第4章　森とくらし

　現在、サメ皮は「わさびおろし」に使用されている程度である。これらは、いずれも鱗の特徴を活かした利用である。また、エイの皮であるが、鱗を取らずに漆を塗り、磨いて剣道の胴台に使用され、工芸品となっている。これは、無数の半球状鱗の中央部に、大きな丸い一粒の鱗(星と呼ばれる)があるのが特徴である。この他に、魚皮の利用では、観光みあげ品に、北海道のサケ皮の定期入れがある。

c．新素材としてのサメ革の開発

　サメ・エイ類は、世界に500～700種いるといわれている(谷内ほか、1984)。サメの身はかまぼこの原料など加工用になり、ヒレは中華料理のフカヒレスープになる。しかし、廃棄される皮を有効に利用することが重要な課題になっている。

　サメは、マグロはえなわ漁でマグロと一緒に捕れるため、漁師が獰猛なサメをモリで突いたりするので、傷が多く、傷のない大きな原皮は入手が困難である。サメの皮は、「サメ肌」といわれるように、紙やすりのような細かい鱗があり、タイ、タラ、イワシなどの真骨魚類の鱗とはかなり異なっている。

　真骨魚類の鱗は骨鱗とよばれ、透明な円盤状で、その表面に輪層がある。これは真皮の骨化したもので、表皮におおわれて真皮の中に埋没している。サメ類の鱗は楯鱗といわれ、基底板の上に突起部が隆起している。基底板は真皮に埋没し、突起部は表皮の上に突出している。楯鱗の大部分は、真皮の骨化した象牙質からできており、突起部の最上層が表皮の硬化したホウロウ質におおわれている(**写真4-4**)(高橋、1957)。

　サメ皮の利用には、鱗の特徴を活かしてそのまま使用する方法と、鱗を取り除き革として使用する方法が考えられる。そこで、サメ皮の鞣しを行いサメ革とし

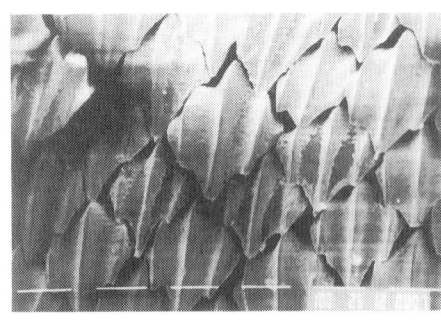

写真4-4　ヤスリのような鱗があるサメの皮の電子顕微鏡写真

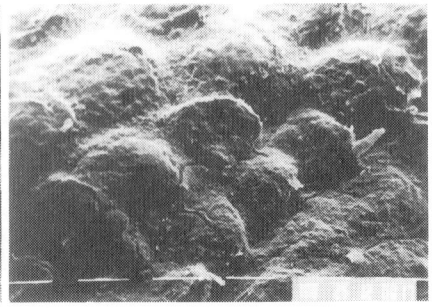

写真4-5　鱗を取り除き鞣したサメの革の電子顕微鏡写真

て利用する方法を開発することにした。以下に、サメ革の作る方法を簡単に記述する。

まず、サメ皮についている身を取り除き、水洗して塩分を抜く。次に、前鞣しを行う。この革を塩酸に漬けて、鱗を溶かす。鱗は完全に溶けないので、残った鱗は物理的に擦り落とす。次に、本鞣しを行う。本鞣しの終わった革は加脂を行い、革を柔らかくする。最後に、染色、艶出しの仕上げ加工を行う(**写真4-5**)。厳密には、鞣し薬品や塩酸、加脂剤などの薬品を使うときの、濃度、温度、時間などに多くの工夫が必要となる。

サメ皮の鱗は、皮を傷めずに取り除くことが極めて困難である。また、サメの種類により、鞣した革に「皺」のできるものと、できないものがある。人に被害を与えるサメであるホホジロザメやヨシキリザメなどは皺ができる。この皺は、商品作りには非常に重要な意味を持つ。製品に加工したときに、同じものが存在しない個性豊かなものになる。個性化の時代には重要なことである。

ワニ、トカゲ、カメなどの皮は、天然の「皺の模様」が珍重がられ、高級品の皮として利用された。しかし、現在は、ほとんどがワシントン条約で規制され、入手できない。このようなことから、サメ皮はこれらの皮の代替品として、高級感あふれる素材になる可能性が大きい。高級ハンドバッグ、高級時計のベルト、財布、定期入れなどに使用され始めている。

参 考 文 献

中川惣弌郎ほか (1987):染色工業、**35**, 18
佐藤昌憲 (1999):繊維と工業、**55**, 216
木村光男 (1999):繊維と工業、**55**, 226
木村光雄 (1990):伝統工芸染色技法の解説、色染社
長瀬康博 (1992):皮革産業史の研究、名著出版
黒板勝美 (1937):延喜式国史大系、国史大系刊行会
明日香村文化協会 (1995):古典芸能調査報告(第2次)
高橋豊雄 (1957):日本皮革協会誌、**3**, 59
谷内透ほか (1984):資源生物としてのサメ・エイ類、恒星社厚生閣
総理府 (内閣総理大臣官房管理室編) (1991):明日香村―古都の現況とその保全・整備―

第4章 森とくらし

参 考 資 料

石　弘之 (1987)：地球生態系の危機、筑摩書房
内嶋善兵衛ほか (1996)：人類と地球環境、建帛社
長谷川三雄 (1996)：人間と地球環境、産業図書
多賀光彦ほか (1997)：地球のすがたと環境、三共出版
四手井綱英ほか (1992)：熱帯雨林を考える、人文書院
NHK取材班 (1992)：トロと象牙、日本放送出版協会
佐藤大七郎 (1993)：生物の多様性保護戦略、中央法規出版
吉岡常雄 (1974)：天然染料の研究、光村推古書院
村上道太郎 (1987)：萬葉草木染め、新潮社
前田雨城 (1977)：日本古代の色彩と染、河出書房新社
化学大辞典編集委員会 (1971)：化学大辞典、共立出版
木村光雄 (1987)：染色工業、**35**, 8
武本　力 (1969)：日本の皮革、東洋経済新報社
澤山　智 (1944)：鞣製学、共立出版
神谷　誠 (1982)：皮革加工学、主婦の友出版サービスセンター
出口公長 (1973)：皮革技術、**15**, 36
米田勝彦 (1999)：皮革科学、**45**, 77
米田勝彦 (1998)：皮革科学、**44**, 126
米田勝彦ほか (1998)：皮革科学、**44**, 72
米田勝彦ほか (1997)：皮革科学、**42**, 250
坂川哲雄ほか (1991)：染色工業、**39**, 210
坂川哲雄ほか (1991)：染色工業、**39**, 300
坂川哲雄ほか (1991)：染色工業、**39**, 578

4.2 地域の素材を活かした「ものづくり」活動

1. 活動の概念

　ここでは、明日香村を中心に奈良県下における森や自然と共生するための取り組みを紹介したい。

　明日香村は稲淵地区の棚田が日本の棚田百選に選ばれている。棚田保全の援農を目的として始まった棚田オーナー制度も丸5年になった。米作り、野菜作りを通して、都市住民であるオーナーと地元との温かい交流が進んでいる。筆者も耕作に直接加わることにより、棚田が荒れている元凶である人手不足の状況を緩和して、耕作人口増と同質の効果があるとの期待感から初年度より参加している(写真4-6)。

　明日香村の棚田オーナー制度の特徴は、オーナーと地元が一体となって案山子(かかし)をつくってコンテストを開いたり、炭焼きを楽しんだりして農村空間を多面的に豊かにしようと試みているところにある。訪れる人も増え、秋の彼岸花の頃や、

写真4-6　棚田で案山子と筆者（明日香村稲渕）

第4章 森とくらし

成人の日に行われる男綱（おづな）の網掛け神事はたくさんの人でにぎわう。勧請橋のたもとには稲淵の女性たちにより野菜などを売る市が常設されるようになった。

筆者は、棚田百選に選ばれた理由の一つにあげられている国蝶オオムラサキを地元子供会と育て、自然に戻す試みを100個体程度の小規模で行っている。万葉集に「明日香川明日も渡らむ石走り（いわはしり） 遠き心は思ほえぬかも」と歌われている石橋（飛び石）から50m程上がったところのエノキ（地元では「よのみ」）の木に網かけをし4齢幼虫から蛹まで育て、その後蛹を近くにある小屋に移して羽化、採卵を行い、春先に稲淵地区に生えている6本程のエノキの根元に戻している。始めた4年前は1個体も見つけられなかったが、2000年は15個体程度の越冬幼虫が確認できた。

稲淵から飛鳥川を上っていくと栢森（かやのもり）という集落がある。集落の入口の飛鳥川には女綱（めづな）が掛かっている。この神事は毎年1月11日に行われる。奥飛鳥といわれるこの地域では、飛鳥川の両岸の際まで杉・檜が植えられている。元は棚田だったところである。「農」や「林」の中には、生命のサイクル、労働の尊さ、いったん失われたらなかなか元に戻らない自然の重み、自給自足の精神といった大切なかけがえのないことがたくさん詰まっている。

また、農山村空間は人の健康を作り、癒しの環境を提供し、優しい人の輪があり、人間本来の生きる力を教えてくれる教育の場でもある。杉・檜の青山と人の手で管理された薪炭山と棚田に代表される農地が相俟ってこそ美しい景観を成し、豊かな生態系があり、充足した農山村社会があった。家の裏まで杉・檜が迫っている、今のバランスをくずした状況をなんとかしたいという想いで、いわゆる中山間地域といわれる奈良県内各地域や栢森地区でさまざまな取組みを続けている。

基本的には、以下に示した四つの方向制をもったボランティア活動を行っている。
- 地域に最も豊かにある地域資源を有効活用し、小さな流通を実現する。
- 「ものづくり」に繋げていける商品作物を休耕地や荒廃地に有機栽培する。
- 人工林の施業の人手不足に直接手を入れるボランティア支援をする。
- 栢森地区に昭和初期の「原風景」を取り戻す。

以下にこれらの実践例を報告する。

2. 私たちと森のめぐみ

(1) 地域資源の有効活用と商品化 ― 女性グループによる杉染め ―

　黒滝村、川上村、東吉野村は吉野杉の産地である。1999年7月奈良県の企画による地域振興策の一環として「吉野魅惑体験フェスティバル」が開催され、黒滝村の庄屋屋敷で都市住民100名を対象に草木染めを体験してもらうことになった。私は黒滝村へ通う道中、「ヨモギの里黒滝」という幟を見かけていた。そこで、ヨモギ染めを提案し地元の女性有志10名がお手伝いをひきうけてくれた。

　ヨモギ染めは大好評で、地元の女性たちにとって大きな手応えになった。このことをきっかけに「染めを通じて村の活性をはかりたい」と相談を受けることになった。そこで、日頃杉の間伐や皮剥ぎ作業時に真皮の美しさに感嘆していたこともあり、吉野杉の主産地で杉を素材にして吉野桜をイメージしたピンク色を、今までの草木染めの常識を破る木綿の素材に定着できれば、商品として力のある展開ができるのではないかと思った。黒滝村は紀ノ川に流れ込む丹生川源流域であり、環境のことも考慮して、すべての工程に化学薬品を使わずに、地域に最も豊富にある杉で木綿にピンク色の染めを試みることにした。

　その日から杉の各部位を採集しては試行錯誤を繰り返した。その結果、雨の日に採取したものからはほとんど何の色も出ないこと、葉・樹皮・心材それぞれ色目が違うこと、煮出しただけではピンク色の片鱗もないことなどがわかってきた。

　赤系統の色素は発酵させると有効であることは今までの経験でわかっていたので、これに灰汁をくぐらせるという手法をとってみた。早速、みんなに山に入ってもらい、杉の木を切り倒し葉と樹皮を採取した。その日のうちに煮出し、8日間寝かせ発酵させた後、ハンカチを染めてみた。しかし、赤みがかった茶色の色素を除去することはできなかった。杉本来の色素は茶色と思われる。この時点で茶色の色素を如何にして除くか、そして木綿の生地の前処理をどうするかの2点が課題となった。

　植物色素はタンパク質に絡まって定着する。そこで、木綿に植物染料を定着させやすくするには一般には次のような方法がある。

- タンニン処理
- 大豆の豆汁処理
- カチオン物質をつけて濃染処理

この中から休耕地を保全する可能性があるのは、大豆による豆汁処理の方法で

第4章 森とくらし

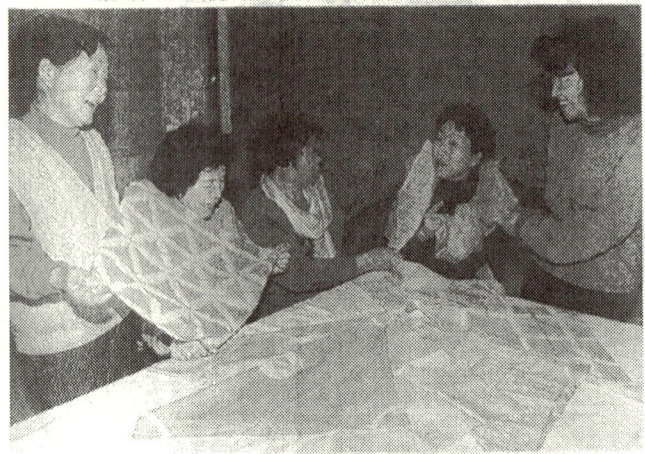

写真4-7 スギの葉からピンクの色を出し製品化に成功したことを知らせる新聞記事
（読売新聞・大阪版（夕刊）、2000.3.30）

あった。休耕地などに大豆を栽培して商品になるものは出荷し、その他を豆汁処理に回せばよいと思った。ただ、慣れないと染めむらになりやすく、効果も持続力に劣る。染料会社が販売している濃染液は、安定した効果が持続するので商品製作をする際には魅力的であるが、くすみがかかるし、藍染めのときなどはグリーンがかった色になったり、草木染め本来の美しい色相を変えてしまう欠点がある。

2000年3月、集落のはずれにある紙漉き小屋は、間伐期を終えようとしている見事な吉野杉に囲まれ、前夜からの雪で辺り一面白一色である。その小屋から昼を前に女性たちの歓声が沸き立った。美しい優しいピンク色だ。「杉の里工房」誕生の一瞬だ。9カ月の月日が経っていたが、みんなの手でピンク色のハンカチが100枚染め上がった。その後新聞、テレビ、雑誌で取り上げられたこともあり、「製品づくりに目の回るような毎日です」との便りをもらっている(写真4-7)。

このように、今まで捨てられていた杉が有効利用されたことで、今度はどこそこの家が間伐するらしいとの情報が流れるようになった。ただ、最近では花粉症の元凶として悪玉にされているが、杉が悪いのではなく、植えた人間の方に問題がある。

しかし、なんと美しい色を秘めているのだろうか。朝に染液を作り、その夜になって手を入れて見ても驚くほど熱い。冷めにくいのである。これも有効活用すると体に良さそうだ。

このように原材料がすべて地域内で調達でき、誰にでも受け入れられて、かつ双方に利益をもたらし共生を可能にする技術は、中山間地域の現状を一歩動かすきっかけになることを願いたい。

その後、発酵期間を置かずに灰汁はくぐらせずに一晩でピンク色にまで到達する方法を見つけ、秋の農業祭でもたくさんの方々に楽しんでもらった。今までは染液を作るのに日数がかかり困難なところもあったが、このことによりイベントや出張体験染めが可能になった。現在では、各種の講座などで実施している。

こうして杉染めの輪は広がり、2001年2月現在、曽爾村、室生村、菟田野町の林業女性研究会のグループでも「道の駅」で製品を販売するまでになっている。是非、奈良県の特産品にまで成長してほしいものだ。

【杉染めの方法】

〈前処理〉
　　生大豆300gに対して約4倍の水1,200ccを用意し、前日から水につけた大豆をミキサーにかけ布で漉す。それを3倍位に薄め、浸し染めの要領で20分

前後浸した後完全に乾かす。これを何度か繰り返す。

〈染液づくり〉

杉の葉は採取してすぐに使う。止むをえず保存する場合は、乾燥しないように日陰に置き濡らした新聞紙を被せておく。樹齢は30年生以上のもので、杉の種類は葉の緑が濃く芯の赤いほうが良い。

杉の葉は2cm位に刻む。切断面を多くして色素を外に出やすくする。ひたひたに水を入れ、沸騰直前まで熱しその液は捨てる。これは杉に含まれる油分を捨てるためである。そして、新たにひたひたに水を入れ、2時間以上煮だす。染液が黄土色になったら葉を取り出し、液を漉す。その液はできるだけ外気に晒し、発酵を促す。

その後は捨て染めと漉しを繰り返し、7日に一度位の割合で火を入れる。「捨て染め」と「漉し」は、ピンク色以外の不要な色素を除去するための重要な工程である。これに気づくのに9カ月要したようなものである。

これを繰り返し、目視して透き通った赤ワイン色になると染められる。なお、染め終わった残液は外気に晒しておくと再び染められる。

なお、染まり方は季節により異なることがわかってきた。樹液の流れの活発な葉枝が成長する季節は良い色が出ない。また、休眠期の冬場も良い染液がとれず、春先や秋は濃い染液がとれるなど微妙である。

〈染め方〉

前処理をした木綿の布に好みの模様付けをし、80度位に温まった染液に入れ、ムラにならないように攪拌しながら加温を続け、15分位を目安に好みのピンク色の段階で取り出す。

取り出した布をそのまままぎった熱湯の中につける。これはピンク色以外の不要な色素を落す働きがある。最後に最高温のアイロンをかけて仕上げる。

(2) 赤米の有機栽培

1) あすか森の手づくり塾による「赤米」づくり

1997年12月から栢森集落入り口にある作業小屋で、栢森総代と「あすか森の手づくり塾」を開講した。地域に伝わる料理、行事、文化、あるいは景観そのものを都市の人々と地域が一緒になってもう一度価値を見いだし、楽しみながら体験学習を

表4-10 地元住民を対象に年間を通して組まれているメニュー

4月…自然観察＆野草料理	10月…赤米稲刈り＆芋煮会
5月…森林保全作業	11月…草ぞうりづくり
6月…竹の食器作り	12月…赤米しめ縄づくり＆赤米餅つき
7月…新技法による藍染め	1月…本格的な炭釜作り
8月…天王柿の収穫＆柿渋づくり	2月…ひらたけ＆しいたけ食菌
9月…森林教室＆木工クラフト	3月…古道・源流整備ツアー（芋峠、細峠など）

通して交流をはかることで、地域の活性化を促すことを目的とした。具体的には、

都市の人を対象に：心安らぐ景観の中で自然と人の接点を取り戻すために、地域に伝わってきた知恵や技術、いわゆる農村文化を体験する。自然離れが進むのは、必ずしも自然が失われたのではなく、身の回りにあふれている生きた自然、生き物に触れていないだけで、関わりが切れてしまっている現状があるからだ。

地元の人を対象に：地元が自ら先生役となり、都市の人に知恵や技術を伝える。見えなくなっている地域資源の価値に気づくだろう。

これらのことを実現するために、年間を通じて表4-10に示すようなメニューを組んでいる。

赤米は栢森女淵の隔離された田で「うるち米」と「もち米」の2種類作っている。本来栽培されてなかった作物であるが、古代米のイメージに重ねて荒廃田の有効利用を試み、手作りの味わいのある高品質な日用品を作り、田植え・稲刈りの体験学習、米・稲穂の販売、菓子（赤米ヌカ入りパウンドケーキ、赤米生地のピザ）、赤米料理（赤米甘酒、赤米中華ちまき）、赤米染めの開発（フェルト帽子、ペーパークラフト、カークッション、壁飾り、セーター、スカーフ、糸）と展開している。

【赤米甘酒の作り方】

〈材　料〉　　糀……1枚　　赤米……4～5合

〈作り方〉

- 食す1週間位前に仕込む。
- 赤米を4分づきに精米する。
- 別に用意した赤米（一つかみ）を鍋で炊き、煮汁を取っておく。
- 糀1枚に55℃位の赤米煮汁をよくかき混ぜ、1時間くらい保温する。
- 糀1枚に4分づきの赤米4～5合の割合で固めに炊く。

- はんぽうにあけて10分くらい冷ましたら、すぐに糀の中へしゃもじ1杯くらいづついれる。
- 赤米を手早く混ぜ込む。
- よく押さえつけて、平らにならす。
- 蓋をして毛布か布団等で覆って保温し、5時間くらい置いてからでき上がり具合を確かめていく。

2)「タデアイ」の栽培と乾燥葉建てによる藍染め

日本で栽培されている藍は、タデ科に属する「タデアイ」である。インドシナ南部の原産といわれ、飛鳥時代に中国からもたらされたといわれる。実用には百貫、小上粉、青茎千本、赤茎千本の4種類が栽培されている。

染め方は生葉をジュースにして直接染める方法や、室町時代に始まったとされる藍の葉を発酵させて作った「すくも」を使った藍建てによる方法がよく知られているが、生葉染めは綿に染まりにくいことや堅牢度に劣るとか、また「すくも」は作るのに高度な専門的技術が必要なこと、製品が高価であるとかそれぞれ短所があり、

写真4-8 藍の畑 (明日香村栢森)

4.2 地域の素材を活かした「ものづくり」活動

実用品として身近に藍染めを利用するには至っていない。

藍の葉を使った染め方がもっと手軽で身近になれば、藍の葉の需要が増えるのではないか。そこで、一般的ではないが乾燥葉による染め方を模索した。筆者自身も明日香村柏森、立部、橿原市田中町で7畝くらいずつ藍の葉の栽培から乾燥葉による製品づくりまで一貫して手掛けている(写真4-8)。誰にでも手軽に何時でも藍の葉を使って染めることのできるこの手法を確立して広めることは意義深いと考えられる。将来、藍の葉そのものが店で売られ流通が可能になると、今減反放棄されている休耕田や荒廃地に商品作物として農家の方々に作付けしてもらうことも考えられ、やがては中山間地域を明るくすることに繋がっていける。実際に、1999年には榛原町額井で奈良県榛原林業指導事務所(1999年当時の名称)の管轄内の女性グループ45名によって、1年を通して栽培からオリジナルなハンカチ染めまで取り組んだ。藍の葉のまるごと活用を視野に入れた、「藍の葉入り蒸しパン」作りも含めて大好評だった。

乾燥葉による染色法の普及のため、依頼のあった学校、養護学校、奈良県社会教育センター、生協、青少年野外活動、各地域の婦人会などで広くみなさんに体験してもらうボランティア活動を続けている。

---【藍の乾燥葉による染め方】---

〈藍の建て方〉

- 乾燥葉はミキサー、スピードカッターなどで粉にしておく。
- 乾燥葉1kgに対して水30ℓを入れ、30分くらいかけて60℃まで加温する。
- 灰汁の上澄み液をpH11くらいにして混ぜ合わせる。(液が濃い黄色になるのを目安にする。)
- 還元剤を上澄み液と同量混ぜ合わせる。
- 表面がぎらついてくると染められる。

〈体験学習の場での染め方〉

- 被染物に好みの模様付けをする。
- 各自の洗面器に染液を絞るので、泡がなくなるまで(約8分)1回目を染める。むらにならないように被染物を常に動かす。
- 軽く水洗いをし軽く絞り、オキシドール液に約5分浸ける。これはオキシドールの泡をすみずみまで行き渡らせ、染めむらを防ぐためである。
- 軽く水洗いし、今度は固く絞る。

第4章　森とくらし

- 新しい染液を絞るので、同様にして2回目を染める。
- 軽く水洗いをし軽く絞り、オキシドール液に約5分浸ける。
- 軽く水洗いをし模様をほどき、5%酢酸液に約5分浸けて色止めする。
- 十分に水洗いし陰干しにする。

【藍の葉入り蒸しパンの作り方】

〈材　料〉　　25cmくらいのドーナツ形にする。
- りんごあん
  - りんご(紅玉など酸味の強いもの) ……………… 3個
  - レモン ……………………………………………… 1個
  - 砂糖 ………………………………………………… 150g
- 生地
  - 薄力小麦粉 ………………………………………… 200g
  - ベーキングパウダー ……………………………… 大さじ1杯
  - 砂糖 ………………………………………………… 40g
  - 牛乳 ………………………………………………… 40g
  - 卵 …………………………………………………… 1個
  - 藍の葉 ……………………………………………… 小さじ1杯

〈作り方〉
- りんごあんは皮を剥き、8等分し厚めに切ってジャムより固めに煮る。
- 藍の葉はミキサーでドロドロにする。色がすぐに濃くでるので、入れ過ぎないように注意する。
- 生地は材料を混ぜて固めにこねる。
- 湯気の立った蒸し器にドーナツ状に生地をひく。
- りんごあんを落としてその上に生地を回しかけ、強めの火で蓋にフキンをかけて(しずくを落とさないため)8分程度蒸す。

(3)　人工林の施業の人手不足に直接手を入れるボランティア支援

1)　山守の会(やまもりのかい)の活動について

奈良県も山や田畑が荒れている。それは、そこに住んでいる人々の気持ちも暗く

4.2 地域の素材を活かした「ものづくり」活動

写真4-9 山守の会の活動、間伐作業（奈良県宇陀郡榛原町赤埴）

させる。山と地域との関わりを考えたとき、人工林の人手不足の問題に手を入れていかざるを得なかった。

　1998年12月に奈良県主催の森林ボランティアのリーダーの会合があった。その時、1人でずっと山づくりをしてこられてた林業専門職の方と出会をきっかけに、1999年1月、主に農家林家の手入れの行き届かない杉・檜林の施業のお手伝いを旨とする「山守の会」を結成した。奈良県内の依頼のあった山の地拵え、植林、下刈り、ひも打ち、除伐、間伐、皮剥ぎ、運びだしなど月1〜2回のボランティア活動を継続している。2001年2月現在、37ヶ所の現場を踏んだ（写真4-9）。

2）小さな流通を試みる

　前生樹のクヌギ・コナラや広葉樹の薪づくり、山には入れないけれども薪を使うことによってボランティアに参加したいという女性もいる。間伐材にしても思い切って市に出してみると、6mほどの小径木でも驚くほど良い値段で売れた。ウッドブロックの端材で車椅子用のプランタカバーを作った。高さを車椅子にあわせて高くし、カンナとサンドペーパーで磨き込んだ。老人福祉施設に持っていったらたい

137

第4章　森とくらし

へん喜んでくれた。作業に汗を流し、森の恵みを楽しむ。火を使えない現場以外は、現地で昼食を作りみんなで鍋を囲んでいる。山づくりの指導ができる方々をリーダーに、技術に裏打ちされた森林所有者の皆さんに、心から喜んでもらえる作業を目指している。それが持続できれば、山の現状を変えていくことに繋がっていけると思う。

(4) 栢森地区に昭和初期の「原風景」を取り戻す
―「飛鳥川の原風景を取り戻す仲間の会」の活動について―

地元の方々とともに、栢森総代の目に焼き付いている今から60～70年前の奥飛鳥の「原風景」を取り戻す活動を始めた。1999年6月栢森で東京大学名誉教授筒井迪夫氏に出席してもらい、6名で発起人会が開かれた。

報告（筒井、2000）内容を簡単に紹介すると、準備委員会では『原風景』を取り戻す意義はどこにあるのか、また再現しようとする原風景はどのような風景かについて検討された。そして、この地域の森は『下流地域の生活環境を護る水源として尊

写真4-10　飛鳥川上流の女淵で河川整備を行う「原風景」のメンバー

ばれてきた』という古い歴史を持つ地域特性を確認し、その地域特性にふさわしい風景を創造することになった。さらに、原風景を何時の時点に求め、どんな森の姿を原風景とするかについては、『水源地の近くの森は〈神聖な森〉として大切にされ、子供のころはここの森は広葉樹でいっぱいで、川に沿ったところではフジやユリが咲き乱れ、四季折々の美しさはすばらしかった』という栢森集落の最高年齢(72歳)の人の記憶を根拠とし、同様の風景の再現もはかることになった。

　畑谷川の左岸沿いに石積みの遊歩道を70mにわたって敷き詰めたり、ヤマユリやササユリを植えた。イノシシを避ける柵も間伐材で作った。人間だけの視点ではなく、植物、動物の視点も生きる共生の場にしたい。最初は女淵(めぶち)を起点に50mの範囲に限られていたが、2000年には栢森の川筋全域の整備に広がった。地元の方々が各班のリーダーになっている。地元でとれた食材で炊き出した昼食も好評で、2001年1月までに8回活動した(写真4-10)。その8回目には91名の参加者があり、始めて「地域通貨」を導入した。亀石などの焼印のついたコースターをボランティアの人々に心の感謝の印として1枚ずつ支給し、地元でとれた白菜、まいも、かぶらといった野菜や手作りの特産品など8種類の品物と交換した。大阪のボランティアの娘さんが地元でつくった紫芋を焼いた紫芋パンも並べられた。

　この試みを通して地域の作物のおいしさを広く知ってもらい、お米や里芋など地元の作物が売れるようになり、地元の人々もコースターの枚数に応じて、農繁期や山仕事の忙しいときにはボランティアの方に手伝ってもらえる仕組みに成長できれば地域のものづくりも進み、小さな流通も相互信頼のある交流も根付くことだろう。今後は10年の活動期間を予定している。

参　考　文　献

筒井迪夫 (2000)：水源の森と公益社会、GREEN AGE、p.28-29 (財)日本緑化センター

第5章

総合的な学習の時間と環境教育

第5章　総合的な学習の時間と環境教育

1．総合的な学習の時間について

　子どもたちが様々な事件を通して私たちにつきつけてきているものは、「もっと生きる実感を味わいたい」「もっと充実した生き方をしたい」という声なき叫びである。

　脚本家のジェームス三木氏は数年前の全国PTA研究大会の講演の中で「生きる力」とは「トラブル解決能力」であると言っている。物語の中の主人公は脚本家の与えたトラブルに出会ったとき、様々な手段を使ってかっこよく、あるときは命がけで障害を乗り越えていく。物語の面白さは、そんな過程で読者がはらはらどきどきすればするほど盛り上がって行くといえる。「トラブル解決能力」というのは、脚本家からすれば作り出す主人公の必要条件なのであるから、当然といえば当然の発言である。

　ただ、この明快な「生きる力」の解釈も、サバイバルを勝ち抜く物語の主人公と生身の私たちをイコールと置いてしまうと、すでに現代の青少年を支配している社会の価値観というものに飲み込まれた考えに過ぎないように思える。解決という歯切れのいい言葉になにか違和感を感じるのは、筆者だけであろうか。総合的な学習の時間とは、このような危うさをどこかに秘めながら追求されねばならない学習時間である。

　私たちは、そのトラブルの一つの舞台である教育の場で、子どもたちとともに教科書のない未知の領域に分け入ろうとしているのである。それは、濁った滄浪の水（大河の一滴：五木寛之）で足を洗うぐらいの開き直りと小さな可能性の中にも、道を切り開くたくましさを要求する取り組みかもしれない。

　東大寺の仁王門の仁王像は運慶や快慶、その弟子たちの作であると聞く。昔も今も職人たちは現実の仕事を手伝いながら、様々な技術を師匠から学び取っている。いや、多くの日本の伝統技術職人や伝統芸能の継承者たちは、自身では技を磨き続けながら、弟子にほとんど言葉で教えないとさえいう。弟子たちは芸や技術の核心部分を師匠から盗むという。徒弟制度、それは明らかに知識ではなく、伝統的な知恵を学びとらせる制度である。

　読み書き算盤の時代は、学ぶことは生活と完全に結びついていた。それに対し、学校でつめこまれる学習は生活に直接結びついてはいないことが多い。知識を知恵に昇華する過程が欠落しているのである。このことが、近年、人の心に学びに対す

143

る空虚感を無意識のうちに広げているのではないだろうか。かつて子どもたちが、よく遊び、望むと望まないに関わらず家事手伝いをしていたころ、知識と知恵の隙間は意図することなく埋められていた。今、総合的な学習に期待されていることは、問題を解決する力、主体的・創造的に取り組む態度、自己の生き方を考える力など、生きる力の育成である(学習指導要領総則3)と言われているが、その趣旨はこの隙間を意図的に埋める手立てであると言ってもよいのではないだろうか。

　1日の稲刈りを終えて、乾いた喉をやかんの口から飲む水で潤したときの、水のうまさのような、生きているという実感や物事をやりとげたときの充実感というものは、子どもの頃に味わっておくべきなのだ。この体験が将来の自分を支える精神の基礎を造っていくように思う。しかし、このような力や態度、生き方を育てようと焦れば焦るほど、子供たちは私たちの願いとは反対の方向に逃げていくように思う。

　筆者はこの所見を述べるにあたって、何冊かの「総合的な学習の時間」の参考書を開いてみた。そこには様々なカリキュラムの例があげられていて、学習の組み立て方や会議でおさえなければならない項目などが丁寧に記述されていた(例えば、『総合的な学習の時間の計画・実践・評価Q＆A』九州個性化教育研究会編著など)。

　しかし、ここではむしろ『総合的な学習の時間』に挑み、問題を解決していくうえで子供たちでなく私たちが持つべき心構えについて、計画から実行、評価までの各過程における見解を述べたいと思う。なぜなら、私たちが一つひとつの課題に対して、子どもたち以上に興味を持って、粘り強くぶつかっていくことが最も重要であると思うからである。幹を支える根の部分を考えてみたいと思う。後は子供たちとともに新しいことに出会い、そのつど問題の解決方法を生み出していく楽しさを味わうぐらいの気持ちが必要ではないだろうか。記述にあたっては環境教育を一つの事例として取り扱うが、それも自然観察の範囲にとどめ、様々な発展的活動は子どもたちとともに創意工夫していただきたい。

2. めざす子ども像から課題設定まで(計画)

(1) 『総合的な学習の時間』を通してめざす子ども像

　私たちは、学校や地域の現実から出発すると言うとき、その現実認識はともすれば、児童生徒たちのマイナス面ばかりに向けられることが多い。そしてマイナス面が気になる割には、克服するための方策や日常の指導の欠落している部分を見逃している場合があることに気づいていないように思う。

ある年の8月の蒸し返るような暑い日中であった。京都駅でトイレに入った。そのとき、トイレは掃除をされている最中で少し待たなければならなかった。ふと掃除をしている女性の様子を見るともなく見ていた。トイレの中は独特のアンモニア臭で充満し、外の暑さ以上の不快さであった。彼女はゴムの長靴をはき、ゴム手袋をして男子用便器一つひとつを丁寧にタワシでこすっていた。きっちりひざをつき、黙々と隅々まで清掃する姿は美しくさえ見えた。てきぱきとした動きと表情には筆者が感じている不快感のかけらも見えない。何分かして掃除を終えて彼女はホームを歩いて立ち去ったが、職業としてやっているという以上に、その姿勢に爽やかさが感じられた。仕事であるといえばそれまでである。
　環境学習や人権学習といった課題を総合的に取り組んでいくとき、これは、たまたま目にした光景だが、ただ抽象的なことではなく、この女性のように黙々と仕事をしている姿を通して個々の子どもたちの生き方を育てるのだという、指導姿勢が必要であるように思う。

(2) 子どもたちと共に学びながら大切にしたいこと
1) 価値を見出すチャンスを逃がさない
　『総合的な学習の時間』では子どもたちは、やりがいを自分の力でつかみとらなければならない。そのためには、自分自身を誠実に見つめる心が必要だ。私たちは、子どもたちが大切な場面に出会っているときを見逃さず、しっかり指摘してやる必要がある。
　ある日の放課後、一人の少年が宿題のポスターを美術の先生のところへ提出に来た。先生はそのまま黙って作品を受け取ろうとしたが、もう一度その絵を手にとって見た。右下の5cm四方はどの部分とポスター全体のでき上がりが違うのだ。絵は明らかにその一角から描き始められたのであろう。その部分に彼のまじめな意欲を感じさせる力があった。先生は「この右隅の最初の気持ちすごくいいよ。このときの気持ちで全部描いておいでよ。」と言った。生徒はすぐ納得して、その日はポスターを持ち帰り、あくる日再び提出した。作品は見違えるようにすばらしいものになっていた。この生徒は自分が最も大切にしなければならないものを、この指導で一つつかんだのではないだろうか。
2) 既成概念を砕かれることを喜ぶ
　以前、夏休みの研究でアリの観察をやっていた少年がいた。筆者は何回か彼の観

第5章　総合的な学習の時間と環境教育

写真5-1　アリの道程を追跡しているところ

察につきあった。彼はアリの好物を巣穴から離れた場所に置き、アリたちがその荷物をくわえて、どのような道筋を通って巣穴にたどり着くかを調べていた(写真5-1)。アリが餌をみつけた位置から巣穴に帰るところを尾行し、通過した点に小さな釘をたてて行く作業を、一匹、一匹のアリに対して繰り返していくのである。相手はクロヤマアリという、どこにでもいるアリである。その中には、帰り道をさんざん間違わないと巣穴にたどりつかないものがいた。一目散に巣穴へ直行するもの、重い荷物を持ったまま巣穴のそばまで来ているのに、もう一度出発点近くまでもどるはめに陥っているもの、遠まわりをしたため、運んでいる餌を置き、餌から少し離れて休息するようにうろうろしてから、よいしょと、餌をくわえなおし、再び運び出すものなど様々であった。

異種のアリの行列に出くわしたとき、彼らは意外と臆病な性質を示した。はるかに小さなアリの行列を彼らは横切ることができなかったのである。まるで交通量の多い道路を横断するわれわれのように、行列のアリとアリの間隔が離れるのを待って大急ぎで横切るのである。ところが、そんな臆病なクロヤマアリの中にも面白いのがいて、この行列の一匹のアリがくわえていた餌を、いきなり奪い取り一目散に逃げ去るものがいた。いかにもずるがしこいしぐさに見えたから面白い。

筆者自身、全てのアリは行列を作るものだと思い込んでいた。そして、帰りは来た道につけた臭いをたどって帰るのだと信じていた。アリの一匹一匹に個性があるとは考えられなかった。これは面白い研究テーマだなと思った。彼の研究は、私の思い込みを打ち砕いてくれたのだ。

3）転んでもただでは起きない経験をする

筆者は彼にすぐクロヤマアリにマーキングをすることをすすめた。個性を調べるにはどうしてもこれが必要だ。同じアリが同じ失敗を何回でもするのか調べたくなったのだ。

かつて筆者は、わが家の南天の木にいたアシナガバチの巣を観察したことがあった。巣にはスズメバチがやってきてバリバリ巣を破り無惨にも中の幼虫を引っ張り出し、肉団子にして運び去っていた。その間、巣にいた10匹足らずのアシナガバチの成虫たちは、この略奪に何も抵抗することなく、スズメバチの立ち去るのを待っていた。

略奪者は1日何回か時間をおいてやって来た。筆者にはスズメバチが異なる個体なのかどうかが分からなかったので知りたくなった。そこで、襲うスズメバチの腹部に白いペンキでマーキングを試みた。チャンスを待ってスズメバチを補注網で捕まえマーキングをした。ショックを与えると二度と来ないのではないかと心配したが、白い目印をつけて彼はまたぬけぬけとやってきた。おかげで、全く違う巣から2匹のスズメバチが時間差をおいて飛んできていることが分かった。

数日後、彼らは運悪く（筆者にとっては運良く）アシナガバチの巣ではちあわせをしてしまった。たちまち目の前で取っ組み合いの大喧嘩を始めた。その結果、負けた方は一目散に飛び去った。スズメバチ自身はマーキングに対して全く違和感を持たなかったのだ。白いペンキがついていようとおかまい無しに、せっせと幼虫の肉団子をどこかに運んでいた。そして、アシナガバチの幼虫は数日で完全に食い尽くされてしまった。その間アシナガバチは何も抵抗することができなかった。

第5章　総合的な学習の時間と環境教育

そこで今度はこのクロヤマアリにマーキングしてみたらとすすめたのだ。さっそく彼は、筆とペンキを持ってアリのマーキングに取り掛かった。まず、携帯用の掃除機でアリを傷つけずに採取して、冷蔵庫で数分間冷やすとアリは眠ってしまう。体温が上昇して動き始めるまでに、筆のペンキを面積の広い腹部に塗りつける作業である。そして数日後、彼がやってきた。

「先生何かおかしい、来てください」という。何がおかしいのか、観察場所の神社の境内に向かいながらたずねた。アリに傷はつけなかったか、頭や目にペンキはつけなかったか等と彼にたずねた。そこでそのアリを見た。アリはわれを失ったように走り回っていた。明らかに自分の体につけられた異物を全く受け付けることができないのである。マーキングは異常な恐怖を彼らに与えることが分かった。他者に腹をかみつかれたような状態だった。巣にもどれる状態ではなかった。異物をつけているものが仲間でないと判断されれば、彼らにとって致命的であった。今はある種の炭化水素が彼らのコミュニケーションの手段であることが分かっている。

マーキングは今回全く失敗したが、アリはその体表のある物質を通して仲間とよそ者を区別していそうだという一端を垣間見ることができた。以前に、クロヤマアリがおそらく他の巣のクロヤマアリを仲間でないと判断し、排除する場面を何回か見たことがある。われわれには同じ形態では全く区別できないが、彼らには全く違う仲間として認知できるのだ。同時に、スズメバチが他のスズメバチを仲間でないと判断したのは、何をもとにであろうか。新たな疑問がうかんで来た。

中学生のアリの個性に関する研究は、彼が卒業した時点で中断してしまったままである。アリには悪いことをしてしまったが彼らが考えていることが分かれば面白いことだと思う。再度気が向いたら挑戦してみてほしいものだ。

4）事実を誠実にうけとめる

筆者たちは、まず自分の確かめた事実を誠実に受けとめることから一歩を踏み出さなければならない。多くの子どもたちは、例えば市販の参考書に否定的な記述があれば、もうそれ以上疑問を持つことをしなくなるのである。

高名な物理学者のファインマンは『ご冗談でしょう、ファインマンさん』（R.P.ファインマン、大貫昌子訳、岩波現代文庫）の最後の章で、カルフォニア工科大学の卒業していく学生に、科学者の誠実さについて語っている。その中で、有名な電子の電気素量を測定したミリカンの実験を追試した多くの科学者のあやまちを例にあげ、科学的な探求の過程には事実に対する誠実さが絶対必要であることを訴えている。

間違いはミリカンの使った物理定数にあったのに、彼らの多くは自分たちの追試結果を間違いと思い、結果を書き換えて提出したのであった。

　このように、専門的な知識を持った科学者ですら過ちをするのである。まして、問題が社会の構造と関わる環境問題や戦争の問題などの場合、大きな流れに押し流され、真実は何か、誠実さとは何かすら、ほとんどの者が見失ってしまうように思う。科学的な誠実さは、人権に関する誠実さとあわせて、子供たちが学ぶ基本的な誠実さと言える。

　私たちは、このことを機会あるごとに子どもたちに伝えたいと思う。ただ、そのような間違いをする科学者や大学の先生方もたくさんいるということも知っておきたい。

5）出口をはっきり示す

　評論家の立花隆氏とＴ大学の教養部学生が、『二十歳のころ』という一冊の厚い本を出している。現在活躍中の社会人を学生たちが訪問し、二十歳のころ何をして何を考えていたかを訊ねた取材記録である。序文が面白い。一読されることをお勧めする。取材とはどのようにするのか等、記事の書き方の実践力をつけるための実にたのしい立花氏のゼミの出口というべき一冊の本である。学生がこの企画に燃えたのは、市販の本を出すという、彼らが言うところの『エサ』つまり『出口』がよかったからである。

　現在の学校教育は出口がない学習をしている。正確には入試という遠い出口はある。子どもたちは教科学習の意味をつかめないまま学習し続けていることは先に述べた。寺小屋の読み・書き・算盤には生活の場がその知識や技能を必要とする出口であった。そこでは、学んだことを即使えることが喜びになるのである。これからの『総合的な学習の時間』でも学びの目標を明確にすることが必要である。発表会をもつことは、しばしば当面の出口として良く使われる。それが学年や学級での単なる発表会に終らせるのでなく、そのことを通して個が高められることをねらいとした発表会であってほしいのである。学級での意見交換や、次の行動のあるべき方向を示す機会となれば、意義あるものとなるであろう。

　環境学習についても、調べたことを発表する機会は必要である。レポートにまとめるときに子どもたちは、はじめて自身の活動の全足跡をたどるからである。普段はふざけてばかりいる子どもたちが、驚くほどの集中力を発揮する姿に感動させられることがある。出口に向うための「まとめる」という作業が、自分のやっている

中身を認識する機会である。それほど重要だということは、取り組んだ当事者でないと実感できないものである。

6）オオムラサキを中心テーマに甘樫丘の自然を調べる

明日香の甘樫丘でのオオムラサキを捕食するアリについても、グループで研究すると面白い（写真5-2）。アリを良く知ることは、また広い生物間のつながりを知る意味でも面白い内容になる。いづれにしても、子どもたちが自分たちで疑問をみつけ、課題設定して動きだすまでには時間が必要である。継続した観察と飼育を続けながら、様々な自然とのかかわりが見えるまでは、常に子どもたちが興味を失わないように、小さな工夫をしながら観察を続けていくことが大切である。大人にとっても難しい問題である。繰り返しやることのできる作業手順が、まず確立されることが必要である。ときどき私たちは、彼らと行動を共にし、彼らが重要な事実に出会っていないか毎日の観察した報告を受け、その意義を明らかにしてやりながら、アンテナを張っている必要がある。

例えば、アリたちは種類の違うアリ間で争うこともある。争いのもととなる食べ物（砂糖等）を置いてやると、彼らが何をしているのかが急に見え始める。

写真5-2　3人グループとなって甘樫丘でエノキの目通りを測定している

アリの帰り道調べで分かったことだが、食べ物を捜すことが難しかったのだ。市販のドッグフード等は、ものによっては全く見向きもしない場合があった。何を食べ物として認知するかは、種類によって意外と狭いのではないかと思う。オオムラサキの幼虫が、そのアリの食べ物として認知されたとしたら、そのようなアリがいること事態がオオムラサキの自然繁殖に対して決定的ではないが、肯定的な情報としてうけとめられる。

7）継続は力であることを教える

　オオムラサキの幼虫を捕食する野鳥についても、子どもたちの野鳥の観察グループを作り、週に1回ぐらいは丘の周りを歩き、どのような野鳥がいてオオムラサキとどこまで関係するか調べる。当面は四季の野鳥の観察から始めるのがよいだろう。最初は雀と他の小鳥すら区別がつかないものである。そのため、教師がしっかり指導する毎月1回の探鳥会を必ず開く。できるだけ指導回数は多いほうがよい。子どもたちが野鳥の会などが主催する探鳥会に自主的に参加するのもよい。親切に指導してくれる。最初は新しい野鳥に出会うことが楽しい。鳴き声や名前を覚えたりしながら、野鳥を通して自分たちの住んでいる地域の自然の特徴が見えてくる。観察をしたときの年月日、場所、天候、野鳥の名前や鳴き声、個体数等をノートに記録することを憶える。鳴き声を聞くだけで鳥の種名が分かりだすころになると、普通に自主的な観察ができるようになる。おそらく1年ぐらいはかかるであろう。

　そうやって身に付けた観察力を自分のフィールド、この場合は学校の近くや甘樫丘で確かめるのが楽しくなる。この頃になると、週1回の観察を自分たちでやれるようになってくる。子供たちが分からない鳥の報告をした場合は、できるだけ早い時点で確認に指導者自身が足を運ぶ必要がある。子どもたちは、未知のことに出会えば出会うほど興味関心をもって活動を続けることができる。

　このような活動は、豊かな自然を守ろうという思いを育むことにつながる営みである。その後も探鳥会にできるだけ私たちも同行し、子ども達の話す内容を聞き、課題設定に結び付けてやることが必要である。探鳥会では、オオムラサキのエノキの場所に必ず立ち寄り観察をする。観察項目を事前に決めておき、ノートに記録する習慣をつける。常にフィールドノートの携帯と筆記具の持参を確認する。ある程度の野鳥が分かるようになるには、やはり1年ぐらい同じフィールドを歩く必要がある。何もいなければいないで記録になる。

　動物を観察対象にすることは時間のかかることである。単純に同じフィールドを

まわることが基本的な作業となり、私たちの対応にゆとりが生じる。カラスのような鳥は、その活動を読み取るのは比較的分かりやすい。何をしようとしたのか驚くようなことすらある。子どもたちの巣立ちまでの教育する様などは、実にまさかと思うようなときもある。例えば、2月に甘樫丘を廻っているときであった。いつもの西側の観察ポイントで、ハシブトガラスがやたらとうるさく鳴く。威嚇なのだろうかと思った。カラスはこの森の中では最も強い野鳥である。ふと上空を見上げた。一羽のハシブトガラスが鷹のような鳥に向かっている。尾羽の形から明らかに鳶ではない。カラスが鳶や鷹に向かっていく姿はよく見かけることがあった。狙いはノスリであった。この時期ヒヨドリの群れを追ってノスリがやってくることはある。香具山ではヒヨドリの食いちぎられた死体が落ちていたことがあった。藤原京ではヒヨドリを襲う鷹を見たこともある。ノスリはハシブトガラスをうるさく思ったか、木陰に隠れたがしつこく鳴くカラスに、とうとう飛び去ってしまった。おそらくハシブトガラスの縄張りに入ったのであろう。そのための威嚇の鳴き声であった。渡り鳥の種類や数も実に種類によって多い年とほとんど見られない年がある。なぜそうなのか調べるのも難しい課題である。永い年月がかかってしまう。雀たちやムクドリ等は身近な小鳥たちであるが、彼らの行動を読み取るのはそう簡単ではない。そのかわり身近であるから、いつも観察できるという強みがある。鳥たちは鳥たちで独立した面白さを持っている。

　落ち葉の湿り具合が大切なのであれば、気象観測も地味な活動として必要である。自記観測装置を管理事務所などに設置できれば言うことはない。気象観測データは、何年か観測資料が蓄積されたとき初めて生きてくる資料である。落ち葉の湿り具合も測定の対象とする。採取した落ち葉の重量と乾燥重量を比較して、含水率等の季節変化を定期的に記録しておくことも必要となってくる。

8）待ちの姿勢をもつ

　方法に関する知識は、活動の過程でしっかり教える必要がある。習熟しなければできないものは習熟できるまで指導する。問題解決に必要な道具にあたるものは与え、様々な人の力を借りる方法も指導する。依頼のしかたも学習である。必要があれば手紙も書き、電話やインターネットも使って情報を集めることを指導する。もちろんワープロや計算機も使う。便利なものは何でも使う。便利なものが手に入らなかったら、代用品を使う。なければ作る。ただし、自分たちが必要とする道具が手に入らないから研究が行き詰るというのでは、生きる力をつけることはできな

い。どんなときにもなんとかするという自信を持たせるのが生きる力である。もちろん一人の教師がこれをすべてかかえこむ必要はない。

　安全面についても十分配慮するのは当然である。必要感を持った学びこそ、総合的な学習の時間のねらいである。先回りして教える必要はない。ワープロが必要になったときにワープロの使い方を学べばよい。

　子どもたちの個々の課題設定は、できるだけ子どもたち自ら考え決定する必要がある。そのためには、なんらかの活動を続けながら待つことが大切である。また、週に1回とか期間を守って継続観察をしながら、ときにはそれぞれの分かった内容を発表しあって、つきあわせることも大切である。無関係に思われた別グループ間のデータがつながったら面白い。こんな作業をしながら、子どもたちの思考が活発に動き始めるのを待つのである。そのような独自な課題は1年ではつかめないかも知れないが、半年で不思議に出会う場合もあり、対象によって時間差はあるが、こんな時間を経て私たちも成長し視野も広がってくるのである。このように、ある者は昆虫に、ある者は魚に、植物に興味をもちながら、定期的に自分の決めたフィールドを観察してまわる。そのとき五感を通して感じたことが、彼らの環境に対する愛着へと育っていくように思う。

9）子どもたちと共に学ぶ

　飛鳥川上流には今も蛍が見られる。甘樫丘下にも数年前まで見ることができた。そこで、例えば「自分たちの近所の川にも蛍をよみがえらせたい」という願いを子どもたちが持ったとしたら、筆者はまず喜んで子どもたちに取り組ませたいと思う。基本的には面白いと思ってやり始めることが大切だ。人との出会いも豊かな学習の出発となる。うまくできるかどうかはやってみないと分からない。だからこそ、胸がわくわくする取り組みなのだ。やればできるという自信や挫折感も、物事に没頭できてこそ味わえることである。1年で仕上がらない場合は、先輩から後輩に伝えていく課題ができるわけである。もし蛍が川によみがえれば、自分たちの川をうつくしくしようという意欲に結びついていくだろう。住民の協力も得られるかもしれない。蛍は蛍で終らないのである。

　人工的に手の加えられた飛鳥川や森が、どのように動植物にとってより良い自然へと変わっていくか、豊かな自然が人間に何をもたらすか、自然保全型の工事が従来の工事とどのように違うのかは、長年の観察記録が物を言うだろう。今回の明日香の森や川についても、子ども達や先生方の継続した観察が続けられてこそ意味を

持ってくるのである。根気強い観察が、私たちや子どもたちの環境を見る眼や感性を育てていくように思う。

10）子どもたち個々の居場所を考える

環境を課題として取り扱うといっても、全員が意欲を示すとは限らない。興味を示さない仲間をどのように引き入れて行くか、学級の中に、学習の中に様々な形で子どもたち一人ひとりの居場所が見つけられるようにすることは、教師が配慮すべき最も大切な課題である。

近年、職業体験学習を課題にあげる学校も増加してきたが、選択が個人レベルまで分けられ、職場、職場で自分を必要とされる仕事があることで、もしかしたら子どもたちは学校や家庭では味わえない自身の居場所を発見できるかもしれない。学校全体の課題設定は先生方の現状認識と、そのために何を子どもたちの学習として組み入れるべきか、熟慮が必要である。

(3) 子どもたちの課題決定から自己評価まで（PLAN⇒DO⇒SEE）

1）モチベーションを高める（PLAN）

画家などが使う言葉に、モチベーションという言葉がある。日本語では動機づけ、行動の意欲を起こさせる要素のことを言う。先の『二十歳のころ』というテーマは、ゼミに参加した学生たちに共通のモチベーションをもたらした。学生たちが考え提出したテーマには、みな今一歩やる気を見出せなかったが、編集部員の考えたこのテーマに対してみな納得したという。子どもたちにモチベーションを起こさせるテーマが必要である。このような初期動機との出会いを、様々な活動に入るときに経験することができる。むくむくとやる気を感じさせるものを探すことが大切なのだ。

例えば、絵を描く場合は、自分の描きたい対象に出会うまで、いつまでも描くことができないものである。半日以上も考え探す場合さえある。決してサボっているわけではない。いったんモチベーションを湧かす対象（モチーフ）に出会うと、作品は80％できあがったのも同然である。詩を作ったり、曲を生み出したりする創造的な活動の場面ではみなが経験することである。幼いうちからこのような経験を何度もすることは、自身の心と対話する重要な訓練になるように思う。一見ぐずぐずしているようだが、この時間が大切なのだ。あらゆる教科の授業の中でこのような経験をさせてやってほしい。この総合的な学習の時間の課題設定においても、1週間ぐらいのヒントをもとに考える猶予期間を与えたいものである。個が育つ第一歩を踏

み出すわけであり、大切にしたい待ち時間である。

２）情報の練り合わせ（P⇔S）

　活動プランを練る段階では、よく話し合い相談にのってやりたい。さらに、活動して得た内容は全て記録するように指導する。その日一日の得た情報と分かったことを最後に確認しあい、記録漏れがないか点検しあう時間が必要である。最初の間はいつも確認してやる必要がある。学級の全員の前でこの点検活動を行うと、まだ出発できない子どもたちのヒントになり、全体を動かすことにつながる。この確認と点検は活動の内容をさらにふかめ、新たな課題の設定につながったりする。個々のグループで活動の深化が進むことで、さらに意欲が増すことにつながる。

　子どもたちは、自分たちがやっている内容に意味を見出せないで、意欲が空回りすることもある。そのような時は頻繁に活動の結果を聞き、彼らがつまらないと思っている情報も意味があるということを、指摘してやることは大切なことである。指導された内容も記録として必ずノートに書いておく。

　他の課題で活動している者も含め学習の場を設定し、情報を吟味しあう。そこで、新事実を掘り当てた者には新たな疑問と課題を見つける場となる。地域の人材を紹介したり、遠方へは手紙を書かせたり、新たな資料を提起しあいながら私たち自身が問題解決力をつける訓練の場とする。

３）試行錯誤を大切に（P⇔D⇔S）

　ある日、二人の生徒が酸性雨の研究をしたいとやってきた。酸性雨の何を研究したいのと訊くと、子どもたちは酸性雨に侵された森林の写真などを見せた。自分たちの町にもこのような酸性雨が降っているのだろうか、という素朴な好奇心からやってきたのである。そこで雨のpHを測定してみる前に、農業試験所の土壌学を専門にやっておられる技師を訪ねてみることにした。子どもたちに研究が可能かどうか、理科室に眠っていたpHメーターが使用可能か、確認してもらうことも兼ねて同行した。

　子どもたちが「森林の被害を与えるような酸性雨が自分たちの街にも降っているのか」という質問をすると、「雨水はもともと酸性なのです。もちろん強い弱いがあるが（それは、空気中の二酸化炭素が雨滴に溶け込むからという説明だった）。日本の山の土壌は最初からみな酸性で、樹木は酸性土壌に対し強くできています。外国のようにアルカリ性の土壌に育った樹木は酸性雨に弱いのです。日本の雨はまだ酸性も強くなくあまり問題ではありません。」という意外な返事が返ってきた。「その証拠に酸性雨の被害の写真はみな外国のものでしょう」という。子どもたちの持っ

てきた雑誌の写真はなるほど外国のものであった。「被害が大きいといわれると面白いのだけどなぁ」というのが、子どもたちの期待していたところではないだろうか。

　学校にもどり近所の丘や山の土を採取し、蒸留水を加えpHを測定してみた。確かに土壌抽出水はみな酸性を示した。なんとなく期待はずれの二人だったが、とりあえず雨の降るのを待って、雨水を採取してpHを測定してみることにした。今思うときわめて安易であったが、百葉箱のそばの雨量計にたまった雨水のpHを測定するよう助言した。数日後待望の雨が降った。雨水の入ったビンをもってやってきて、彼らはさっそく測定した。

　子どもたちは意外な顔をしてやってきた。「先生アルカリ性です」という。予想もしなかった結果である。「雨水は大なり小なり酸性です」という技師の助言は信頼できる。金属製の雨量計が問題なのだろうかと思い、大きなビーカーを中庭に置き再度雨の日を待った。そして、また雨が降った。やはりアルカリ性であった。確かにメーターは弱アルカリ性を示していた。BTB試薬で調べたらやはりアルカリ性を示した。雨はまだ降り続いていた。そこで、新たに蒸留水で洗ったビーカーで雨水を採取すると同時に、ビーカーの中に何かが混入しないか見ているように指示した。ソーダガラスが水に溶けるということも気にはなったが、そんなに早くは溶けないだろうと思った。それでも再度集めた雨水もアルカリ性であった。観察して気が付いたことを出し合った。風が吹いて異物が混入することは無かったか。雨が落下して地面ではねたのが中に入っていないかなどと訊ねた。「ちょっと地面ではねたのが入っているように思う」という。実際に子どもたちの雨を受けている場所に行き、ビーカーに地面ではねた雨水が入るか確かめた。確かによく見るとわずかだが飛沫が入っているようにみえる。雨量にはさほどの影響があるようには思えない。しかし、疑ってみる必要がある。地面の雨水にBTB液を滴下してみる。青色のままである。

　そこで、いろんな場所の雨水にBTBを滴下するよう指示する。植木の葉の上に落ちた雨水は酸性を示した。そして屋上のセメントの上に落下した雨水は、落下直後は酸性を示すが、すぐ青色に変わっていくことがわかった。どうやら、落下してくる雨水は酸性だが地面に落下してはねた微量の雨水が、採取した雨水をアルカリ性に変えていることが分かった。コンクリートや校庭の土がアルカリ性であったのだ。最終的に、屋上の床面から1mのところにポリエチレンの容器を据えて雨水を採取することにして、はねかえりの雨水が入るのを防ぎ問題は解決した。同時に気温、気

圧、湿度、天候、雨量、pH、天気図などを記録する気象観測活動に入った。

彼らはそれから2年間観測を続け、様々な酸性雨に関する彼らなりの発見をし、興味深い成果を残して卒業した。初期のこの試行錯誤の経験は、分かってしまえば、なぜ早く専門家に詳しく訊ねなかったかと指摘されるところであろう。しかし、そうやって確立した測定方法は、県の酸性雨研究者にも太鼓判をいただき、最も忘れられない経験になったのだった。

この経験は活動を始めるための原動力になった。待ちのタイミングをつかむことも、これからの経験で培っていくことだと思う。誠実に事実に対応しながら、見つけ出したことはうれしいものであり、トラブルを自分たちの力でクリアするという第一歩を踏み出したと言える。

4）継続可能な繰り返すことのできる作業、観測、観察方法の確立（DO）

酸性雨の観測のように継続してやる方法を確立しておくことは、私たち指導者の対応にもゆとりができ、観測を続けることで実際に自然界に起こっている変化が見え始めるのである。

3. 環境学習

(1) 地域の実態を知る

1）環境について調べたい内容を出し合う

自然はどこにでもある。美しい山や川、街中の小さな公園、コンクリートのビル街、荒磯に砂浜、水溜りにも自然がある。与えられた身の回りの環境で、子どもたちと何ができるだろうか。すべての教科の担当者や子どもたちから、自然環境を題材にして取り組みたい内容を出し合ってみるのも面白い。それらは子どもたちが自分の課題をさめる場合のヒントになる内容である。

- 動植物について
- 大気現象について
- 地質学的環境について
- 水環境について
- 絵、詩、作詞・作曲等の対象としての環境について

2）歴史的な遺産、未知の部分の掘り起こし

地域の歴史と自然環境とが密接につながっている場合はないか調べる。また、市町村史を調べてみる。

3) 風土、民俗学的な見地から郷土を見直す

昔話の掘り起こし、伝統芸能継承、建築物の特徴、くらしや産業など、人々のくらしと気候や地形等とのつながりを調べる。例えば、その土地独特の風が吹くようなところもあり（例えば、東吉野村・平野）、それが建物や屋敷林と関係していることもある。

4) 地域の人材や観察場所の発掘

地域の人たちから子どもたちが学ぶことは多い。例えば、魚等については、魚を捕って生活をしている人たちが最もすぐれた指導者になるかもしれない。各種研究機関があれば、そこの方に相談するのもいい。山の木のことなら、山仕事について特に詳しい人はいないか、知っておくことも必要である。田畑の植物については、農業をしている人の中に特に詳しい人がいることも多く、雑草については、種から育てる等の趣味を持っている方もある。野鳥については、野鳥の会の人や観察を趣味にして詳しい人もいる。

かつて田圃は様々な小動物の住処だった。そこは子どもたちが小動物と触れ合う場でもあった。地域の農家の方々に協力を得て、休耕田を借りて観察田とすること等も考えられる。

5) ゴミや公害、大気汚染に対する町や村の対策調べ

私たちが生活することによってどれだけ環境を汚染しているか、都道府県や国の様々な研究機関や役所の清掃課、環境保全課などの方々に教えてもらうことも大切である。生ゴミの堆肥化、稲の栽培、挿し木などで植物の増やし方を調べて観察している学校もある。アサガオの栽培を行って酸性雨の研究に結び付けている学校もある。大学の研究林等が近くにあれば、調査観察に利用させてもらうことも可能である。

6) 学校の中や学校周辺の自然環境のチェックリスト作り

四季を通じて最も身近な子どもたちの観察対象となるフィールドは、やはり学校周辺である。短時間にまわれる、よく知り尽くした観察のためのフィールドを持つことは、自然環境を理解するときの基礎となり、その記録を長年蓄積していくことは、いつかは環境変化を知るための大きな財産になる。

(2) 学校の実態把握

先に述べた、先生方や子どもたちが出し合った環境について調べたいことを参考

にして、学校の中の施設設備、人材を把握する。
a．設備、実験器具、作業器具、道具、気象観測装置等
　　置かれている場所や管理者、保管状態、数、使い方などを調べておく。このような作業をしているとき、新たな研究方法を思いついたりするものである。
b．先生方の理解を図る
　　学校全体で取り組むか、自由研究として先生方に協力を依頼するのか、学級で取り組むのか、学年で取り組むのかを決定する。
　　先生方の特技、興味のあるなし等を知っておく。
c．子どもたちの興味関心の程度を把握する。
d．データの整理保管場所の確保
　　例えば、気象観測の素データなどは、多くは年月が経つにつれて無残に捨て去られることが多い。総合的な学習においては、それらのデータが重要な意味をもってくることは将来考えられる。誰もが閲覧可能なように、貴重なデータの保管方法の検討がなされなければならない。

　かつて流星塵の研究を子供たちが数年間続けたことがあった。空から降って来る球形の微小な粒《必ずしも流星塵とはいえない》は、子どもたちには神秘的であった。観測は先輩から後輩へと受け継がれた。スライドガラスの一定面積にグリセリンを塗り、宇宙から落ちてくる流星塵を受けて、それを毎日顕微鏡でカウントするという作業である。そのとき、同じ時期に気象観測班が活動していた。流星塵の研究はこの気象観測データに助けられることがあった。初期の発見は、流星塵の数は高気圧のときに多いという結果である。高気圧が下降気流であるということをこのときあらためて実感した。観測は筆者が学校を離れてからも続けられた。

　ある時、一人の生徒からデータを見てほしいと電話があった。彼が中学3年生のときであった。いつものとおり気象観測データとの関連を調べていると、あることに気が付いた。流星塵が異常に多い日の直後に降雨量が多い。しかも集中豪雨である。ひょっとすると流星塵の数が雨量に関係するのかもしれないと思った。もちろん低気圧の大小にも関係するだろうが、高層大気中のチリが雨滴の核となるとしたら、確かにそれは有り得ることだ。過去の気象観測データの雨量と流星塵の数をすぐ照合する必要があった。しかし、残念なことにそのデータはもはや捨てられていた。彼の1年間のデータでは説得力は弱い。環境学習のような積み重ねの学習は、このようにデータのファイル化した保存が重要である。私たちは、こんな苦い悔しい思い

を経ないと、データというものの重要性に気が付かないものであることを知らされた。

　以上は環境教育を総合的な学習の時間に取り扱うとした場合の、あらかじめ担当者がおさえなければならない内容である。自然探求学習の一端を述べたにすぎないが、狭い意味の環境学習で終らせないための大きな教訓でもある。

4. 総合的な学習の時間とは子どもたちの未知への旅立ち

　『かわいい子には旅をさせよ』、昔から言い古された言葉である。筆者は親になってみて、それがなかなかたやすいことではないことを感じている。手も口も出して助けたがる自分がいる。『総合的な学習の時間』で不易の部分はまずこの言葉かもしれない。『総合的な学習の時間』は小さな旅としてとらえたい。グループで取り組むにしろ、緊張感のある一人旅としてとらえられるべきだ。今子どもたちが望んでいるとしたら、そんな緊張感のある学びである。安全性に関して十分に配慮した後は、自分で責任をもって行動することをさせねばならない。そんなとき、子どもたちは様々なことを自ら学ぶのではないだろうか。「子どもは風の子」であり、彼らは暖房とクーラーの効いた部屋の中から飛び出したいのではないだろうか。決して口ではそのようには言わないし、外で遊ぼうともしなくなったが、外で遊ぶ楽しさや清々しさを教えてやりたいものだ。むしろ、美しい夕焼けや初夏のブナ林の緑に心動かされるような、夢を秘めた人がねばり強い生きぬく力をもっているかもしれないとも思う。それら個々の心中のトラブルをも含む、トラブル解決能力が生きる力だと解釈している。国語や美術や音楽の世界から、環境教育の視点で取り組んでみるのも面白いのではないだろうか。生きる力や自ら考える力は、様々な課題の乗り切り方を工夫する過程で自然に身についてくる力であって、焦って求めるべきものでないように思う。

参 考 文 献

俵　万智（1997）：チョコレート革命、河出書房新社
五木寛之（1999）：大河の一滴幻、冬舎文庫
加藤幸次　監修・九州個性化教育研究会　編著（2000）：総合的な学習の時間の計画・実践・評価Q＆A、黎明書房
R.P. ファインマン（大貫昌子　訳）（1997）：ご冗談でしょう、ファインマンさん、岩波文庫
総合的な学習につなげる生活科（1999）、小学館

〈著者プロフィール〉(執筆担当順)

岩田　勝哉（いわた　かつや）
　1942年大阪府生まれ．京都大学大学院理学部動物学専攻博士課程単位取得退学，和歌山大学教育学部教授，上海水産大学客員教授，Polish Archives of Hydrobiology 編集顧問．専門分野は魚類を中心とした環境生理学（理学博士）

幸田　正典（こうだ　まさのり）
　1957年大阪府生まれ．大阪市立大学大学院理学研究科教授．学生の頃から野外で主に魚類の生態について研究している．海の沿岸性魚類やタンガニイカ湖カワスズメ類が主な対象魚で，スキューバ潜水し研究している．（理学博士）

中野　満（なかの　みつる）
　1966年秋田県能代市生まれの埼玉育ちで転勤族2代目．小さい頃から市街化が進む地域を転々とし，宅地化によって緑や生きものとのふれあいの場が消える姿を数多く見てきた．大学卒業後，東京にある造園設計事務所に入社，その後(財)公園緑地管理財団に勤務，現在調査研究2係長

秋山　昭士（あきやま　しょうじ）
　1950年福岡県生まれ．家業の傍ら虫一筋．20年以上オオムラサキの飼育研究を行い，大量累代飼育技術を確立．虫の次に子どもが大好きで，たくさんの子どもたちと虫採りをするのが趣味．ならむしの会会員

中谷　康弘（なかたに　やすひろ）
　1962年兵庫県生まれ．1986年神戸大学大学院農学研究科修士課程修了．現在，橿原市昆虫館勤務．ハッドリの人工繁殖に成功する．スズメバチなどの社会性ハチ類が専門．日本昆虫学会会員

西島　保雄（にしじま　やすお）
　1954年奈良県生まれ．畝傍中学校教諭．赴任以来，科学部を指導する．ツーリング，海釣り等フィールドワークを得意とする．パソコンはすべて自作．フィールドで得られたデータをまとめるのはお手のもの

竹田　博康（たけだ　ひろやす）
　1965年奈良県生まれ．88年奈良県庁に勤務，98年から現職奈良県土木部河川課．多自然型川づくりを奈良の河川で今後さらに取り組んでいくため，河川環境に配慮した川づくりを目指すべく，98年から2000年まで土木部内で奈良の川づくりガイドラインを策定

城　律男（じょう　のりお）
　1962年奈良県生まれ．1986年奈良教育大学教育学部卒業，現在明日香村立聖徳中学校勤務．趣味として水生昆虫や河川の植物などを観察．中学生の自然観察や研究活動の指導を行う．奈良植物研究会会員

米田　勝彦（こめだ　かつひこ）
　1946年奈良県生まれ．奈良県工業技術センター統括主任研究員．公害防止および繊維・皮革に関する技術の研究・開発に従事．幾多の特許技術を保有．飛鳥蹴鞠の復元などをとおして昔の技術を考察し，これからの技術に役立てたい．（学術博士）

水谷　道子（みずたに　みちこ）
　1952年徳島県生まれ．森林インストラクター．草木染めや野草料理を通して講習会・講演・学校でのゲストティチャーとして活躍中．自然環境の保全活動家としても幅広く行動している．

蓮池　宏一（はすいけ　ひろかず）
　1947年奈良県生まれ．中学教員を経て，大和郡山市教育委員会指導主事．ホウネンエビの研究を行っている．子供たちと一緒になって体験した自然研究の面白さを，今回，環境学習の例にあげた．日本理科教育学会．日本甲殻類学会．日本野鳥の会会員

松本　清二（まつもと　せいじ）
　1956年奈良県生まれ．畝傍中学校教諭．タウナギという淡水魚を窓口に「自然」を眺め，人類と「自然」の共生について思い悩む一人である．著書に，「日本の希少な野生水生生物に関する基礎資料(Ⅳ)(共著)(社)日本水産資源保護協会，淡水生物の保全生態学(共著)，信山社サイテック，などがある．

［表紙］
楽遊（らくゆう）（喜多　俊夫・きた　としお）
　1941年奈良県生まれ．91年に原因不明の頭痛に襲われ，92年には再三の激しい頭痛により，それ以前の記憶をすべて失う．2000年暮れに記憶を取り戻し，物書きの生活をおくっている．

オオムラサキがおしえてくれたこと

| 2001年(平成13年) 5月30日 | 初版刊行 |

編集代表	松本清二
発 行 者	今井 貴・四戸孝治
発 行 所	㈱信山社サイテック
	〒113-0033 東京都文京区本郷6－2－10
	TEL 03(3818)1084 FAX 03(3818)8530
発 売	㈱大学図書
印刷・製本／エーヴィスシステムズ

©2001 松本清二　Printed in Japan　　ISBN4-7972-2555-5 C3045